Immer härter werden die Ökosysteme der Erde bedrängt: Gletscher, die natürlichen Trinkwasserreservoire für Millionen Menschen, schmelzen; Korallenriffs, die »Regenwälder der Meere«, zerfallen; Pflanzen- und Tierarten, vom Klimawandel überfordert, sterben aus – und wir gehen immer noch sorglos mit den knapper werdenden Wasservorräten um, verdrecken die Meere und produzieren weltweit wachsende Berge von Müll.

Wie lange wird die Erde noch eine wachsende Zahl an Menschen ernähren können, wenn wir so weitermachen wie bisher? Wann lernen wir, uns auf eine Zukunft ohne Öl einzustellen? Wie gestalten wir die Globalisierung so, dass sie allen und nicht nur wenigen dient?
Was müssen wir tun, um den Klimawandel mindestens zu begrenzen?

Klaus Töpfer und Friederike Bauer geben Auskunft und Antworten.
Sie zeigen prägnant und kenntnisreich, wie es um unsere »Arche« bestellt ist und welche Möglichkeiten wir haben, die Weichen für die Zukunft zu stellen.

Klaus Töpfer / Friederike Bauer

Arche in Aufruhr

Was wir tun können, um die Erde zu retten

Illustriert von Jörg Hülsmann

S. Fischer

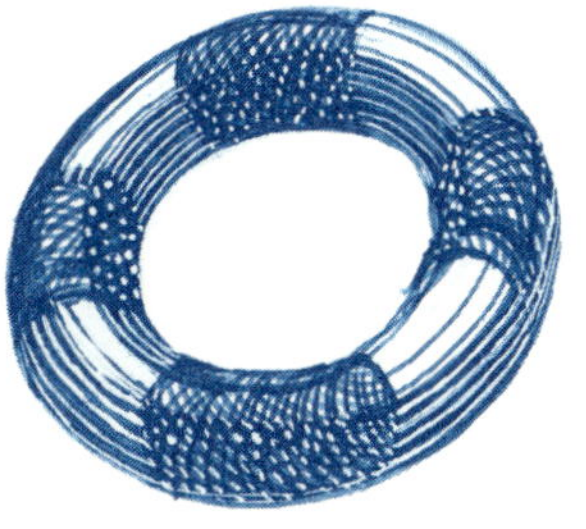

Typographie und Satz:
Farnschläder & Mahlstedt Typografie, Hamburg
Druck und Bindung: Kösel, Altusried-Krugzell
Printed in Germany
ISBN 978-10-003702-2

Inhalt

Klaus Töpfer, geboren 1938, war von 1987 bis 1994 Bundesminister für Umwelt, Naturschutz und Reaktorsicherheit und von 1994 bis 1998 Bundesminister für Raumordnung, Bauwesen und Städtebau. Von 1998 bis 2006 war er Unter-Generalsekretär der Vereinten Nationen, Generaldirektor des Büros der Vereinten Nationen in Nairobi und Exekutivdirektor des Umweltprogramms der Vereinten Nationen (UNEP). Klaus Töpfer ist verheiratet und hat drei Kinder.

Friederike Bauer, geboren 1963, studierte Kommunikationswissenschaft, Amerikanistik und Politik in München und Los Angeles. Sie war lange Zeit Redakteurin bei der Frankfurter Allgemeinen Zeitung. Nach einem Abstecher zum Bundesministerium für Wirtschaftliche Zusammenarbeit und Entwicklung als Referentin macht sie seit Sommer 2007 Öffentlichkeitsarbeit für die KfW Entwicklungsbank. Zuletzt erschien von ihr bei S. Fischer »Kofi Annan. Ein Leben«.

Jörg Hülsmann, geboren 1974, lebt seit 2003 als freier Illustrator in Berlin. 2007 erschien mit seinen Illustrationen Jean Pauls »Des Luftschiffer Gianozzo Seebuch« in der Insel-Bücherei, zuvor u. a. »Die unsichtbaren Städte« nach einem Roman von Italo Calvino, das von der Stiftung Buchkunst als eines der schönsten Bücher 2004 ausgezeichnet wurde.

Die Verlockung war groß, jetzt – da Klimawandel, Artenschutz, Wasserfragen und der Zugang zu Rohstoffen und Bodenschätzen die öffentliche Debatte beherrschen wie selten zuvor – einen kritischen Gesamtüberblick zur aktuellen Umweltsituation zu schreiben. Ein Handbuch, das sich mit den neuesten wissenschaftlichen Erkenntnissen auseinandersetzt, aber auch mit den alarmierenden Prognosen in den Medien. Ein Buch, das der Fachöffentlichkeit zur Diskussion wie zur Orientierung dient und auf politische Antworten dringt.

Die Verlockung war groß, aber wir haben anders entschieden. Uns schien es angebracht, die weitreichenden Veränderungen der großen Ökosysteme – Ozeane, Regenwälder und Eismassen, um nur einige zu nennen – für ein breiteres Publikum möglichst verständlich, dabei sachlich stimmig und korrekt darzustellen – nicht für die Fachwelt, die andere Foren hat, um diese Themen zu erörtern. Dem einen oder anderen Experten mag unsere Sprache nicht immer fach-exakt genug sein, Ursachen und Wirkungszusammenhänge werden nicht immer in ihrer ganzen Tiefe und Breite herausgearbeitet. »Arche in Aufruhr« soll vor allem auch junge Menschen ansprechen, Neugier und Verständnis wecken. Und zum Engagement auffordern. Denn diese Generation wird konfrontiert sein mit den ungelösten Umweltproblemen, die wir ihr hinterlassen.

Bei der Arbeit an diesem Buch haben wir oft und intensiv an unsere Kinder und Enkelkinder gedacht, denen wir dieses Buch widmen: Leo Löckle sowie Helene, Leonard und Laurenz Töpfer.

Vielen ist für Hilfe der verschiedensten Art zu danken. Nennen wollen wir hier Ingke Brodersen als sachverständige und einfühlsame Lektorin.

Klaus Töpfer und Friederike Bauer

Der bedrängte Garten Eden

»Der Herr setze den Menschen in den Garten Eden,
auf dass er ihn bebaue und bewahre.«

Genesis 2

Es wird enger auf unserer Welt. Als die jetzt 70-Jährigen geboren wurden, lebten etwa 2,5 Milliarden auf unserem Planeten, heute sind es rund 6,5 Milliarden Menschen. Und ihre Zahl nimmt weiter zu: Jährlich wollen 70 bis 75 Millionen neue Erdenbürger ein Dach über dem Kopf haben und gesund ernährt werden, brauchen Wasser und erhoffen sich von der Natur, vom Forschergeist, der eigenen Arbeit und der Erfindungskraft kluger Zeitgenossen die Basis für ein menschenwürdiges Dasein – für sich und ihre Familien. Schon dieses Wachstum der Weltbevölkerung Jahr für Jahr macht deutlich, dass die Ansprüche an unsere natürlichen Lebensgrundlagen stetig steigen. Der Kampf gegen die Armut, unter der mehr als eine Milliarde Menschen leidet, verstärkt den Druck auf die Leistungsfähigkeit der Natur entscheidend. Im letzten Jahrhundert stieg beispielsweise der weltweite Wasserverbrauch um das Neunfache, der Fischfang um das Vierzigfache, der Energieverbrauch um das Sechzehnfache. In der Wissenschaft wird unsere Zeit mehr und mehr als das »Anthropozen«, als das Zeitalter der Menschen, bezeichnet.

Es ist aber keineswegs nur die zunehmende Zahl der Erdenbürger, die diesen erhöhten Verbrauch bewirkt. In den hoch entwickelten Industrieländern sind im

Laufe der letzten hundert Jahre die Wohlstandserwartungen geradezu explodiert. Allein die Zahl der Autos stieg seit Mitte des vergangenen Jahrhunderts von rund 50 auf gegenwärtig mehr als 600 Millionen, und bis zum Jahr 2050 sollen es zwischen 1,4 und 2 Milliarden werden. Durch das Verbrennen von Kohle und Gas ist der Ausstoß von Schwefeldioxid inzwischen doppelt so hoch wie die Summe aller natürlichen Emissionen. In weniger als 100 Jahren ist die Belastung der Atmosphäre mit den Klimagasen Kohlendioxid um 30 Prozent gestiegen, mit Methan um über 100 Prozent. Diese Entwicklungen haben ernste Folgen für die menschliche Gesundheit, das Klima, die »Produktivität« der Natur und die Artenvielfalt.

Wie nie zuvor greift der Mensch in die großen und sensibel aufeinander abgestimmten Kreisläufe der Natur ein. Dafür aber zahlen wir einen hohen Preis, genauer gesagt: Andere zahlen für uns die Kosten dieses Wohlstandes. Wir wissen oft nicht einmal davon, wollen es wohl auch nicht so genau wissen.

Jeder sechste Mensch lebt in Armut. Mehr als 1,1 Milliarden Menschen haben keinen sicheren Zugang zu sauberem Wasser; über 1,6 Milliarden verfügen über keine Elektrizität. 1,3 Milliarden Menschen müssen mit weniger als einem Dollar pro Tag auskommen. Die meisten von ihnen sind in Afrika beheimatet, viele in Mittel- und Lateinamerika und in bestimmten Regionen Asiens. Solange grenzenloser Reichtum auf der einen, hoffnungslose Armut, Hunger und Verzweiflung auf der anderen Seite nebeneinander existieren, solange nicht alle Menschen eine realistische Aussicht auf die Befriedigung der Grundbedürfnisse – wohnen, essen, arbeiten und Bildung – haben, wird es eine friedliche Entwicklung der Welt nicht geben. Wir brauchen wirtschaftliche Entwicklung in den armen Ländern – sie ist notwendig und sie ist möglich, wenngleich sie den Verbrauch an Energie und natürlichen Rohstoffen noch weiter erhöhen wird. Deshalb sind Änderungen bei uns, den reichen Ländern, unumgänglich: Wir müssen unseren Lebensstil, unser Konsumverhalten und den Einsatz von technischen Mitteln neu ausrichten.

Konkret heißt das: Mit den Leistungen der Natur müssen wir viel besser haushalten als bisher. Gegenwärtig verbrauchen wir in den so genannten hoch entwickelten Ländern täglich pro Person rund 6000 Watt an Energie, in den Vereinigten Staaten sogar mehr als 10 000 Watt. Jeder Mensch kann aber auch mit 2000 Watt auskommen – das ist keine Utopie, sondern muss ein Ziel sein, das wir uns setzen und konsequent innerhalb von klaren Zeitvorgaben verwirklichen. Schon jetzt haben wir die technischen Möglichkeiten dazu: Es gibt bereits »Null-Energie-Häuser« ebenso wie Kraftwerke, die fossile Energie wesentlich wirksamer in Strom und Wärme umwandeln. Durch die »Kraft-Wärme-Kopplung«, eine seit langem bekannte Technik, verdoppelt sich ihr Wirkungsgrad nahezu. Die Drei-Liter-Autos sind erfunden, und selbst mit Wasserstoff angetriebene Fahrzeuge sind keine »Science-Fiction«, sondern fahren in Prototypen bereits auf den Straßen. Eine »Energiediät« mit der Zielmarke 2000 Watt ist für die Gesundheit dieses Planeten dringend geboten.

Auch die »Wegwerfgesellschaft«, in der wir uns ebenso bequem wie gedankenlos eingerichtet haben, muss ein Ende haben. Wir sollten uns an das Vorbild der Natur halten und in Kreisläufen wirtschaften, damit Rohstoffe aller Art sparsam genutzt werden und der Begriff »Abfall« bald aus unserem Sprachschatz gestrichen werden kann: Schon bei der Erzeugung von Gütern ist sicherzustellen, dass sie am Ende ihres Lebens nicht Stoffe hinterlassen, die nicht wieder neu genutzt werden können oder aus denen man nicht wenigstens die darin enthaltene Energie gewinnen kann.

Solche Ziele sind reizvolle Herausforderungen für den Einfallsreichtum und die Erfinderkraft auch der jungen Generation, deren Zukunft entscheidend davon abhängt, ob wir diese Aufgaben meistern. Mit besseren technischen Lösungen allein wird es allerdings nicht getan sein. Wir müssen lernen, Wohlstand anders als in Dollar oder Euro zu definieren, die Zufriedenheit und die Lebenschancen von Menschen in anderen

Teilen der Welt mit einzubeziehen, auch die Folgen unseres Handelns für kommende Generationen zu berücksichtigen.

Dabei könnten wir von dem Regenten des kleinen Königreiches Bhutan lernen, einem Land hoch oben im Himalaja-Gebirge gelegen, das reich an einmaligen Naturschätzen ist, an alten Wäldern mit einer großartigen Artenvielfalt und an buddhistischer Lebensweisheit. In den Felshängen haben sich unzählige Klöster eingenistet, in die sich viele Bewohner des Landes immer wieder zur Meditation zurückziehen.

Meditationen gehören zu ihrem Leben. Folgende bezeichnende Geschichte erzählt man sich: Als einst eine Organisation eine neue Maissorte entwickelt hatte, die einen doppelten Ertrag abwarf, suchten deren Mitarbeiter in Bhutan nach einer Möglichkeit, diese Maissorte auch praktisch zu erproben. Endlich fanden sie einen Bauern, der dazu bereit war. Und tatsächlich: Er konnte doppelt so viel Mais ernten wie vorher. Groß war die Freude bei den Entwicklungshelfern, der entscheidende Durchbruch zur Überwindung der Armut schien in greifbare Nähe gerückt. Im nächsten Jahr, rechtzeitig vor der Aussaat, suchte man den Bauern wieder auf. Der aber war nirgends zu finden. Man fragte die Nachbarn. Und die erzählten, dass der Bauer sich zur Meditation in ein Kloster hoch in den Bergen zurückgezogen habe. Er habe ja in einem Jahr für zwei Jahre geerntet.

Der König von Bhutan denkt wie sein Volk. Nicht in der Steigerung des »Gross National Product« (GNP), des Bruttosozialprodukts – also all

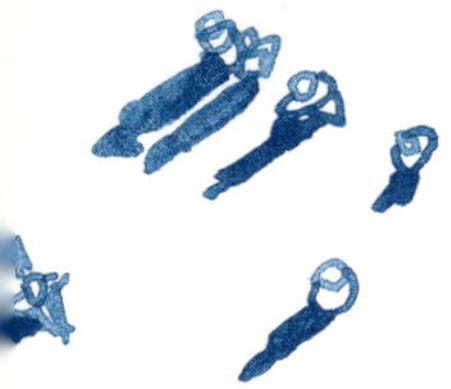

der Güter und Dienstleistungen, die wir in Dollar und Euro »bewerten« können – sieht er die Zukunft seines Landes, sondern in der Steigerung des »Gross National Happiness«. Das Wohlbefinden seiner Bevölkerung soll erhöht werden. Bei uns wird darüber gelächelt. Man tut es ab als skurrile Idee eines Herrschers über ein kleines, lange Zeit vom übrigen Weltgeschehen abgeschottetes und damit etwas rückständiges Land. Doch Hochmut ist unangebracht: Mit ihm »schützen« wir uns vor dringenden Veränderungen unseres eigenen Lebensstils, den wir trotz seiner weitreichenden Konsequenzen fortsetzen – und auch noch in alle Welt exportieren.

Solange wir Wohlstand ausschließlich an ökonomischen Verbesserungen, an Autos und Urlaubsreisen, an Markengeräten und Designerklamotten messen, verkennen wir die Notwendigkeit, wirtschaftliche Entwicklung mit kulturellen Traditionen, mit gesellschaftlichen Normen und Gebräuchen zu verknüpfen, die zudem oft einen rücksichtsvolleren Umgang als bei uns mit den Schätzen der Natur gefördert haben. Die Vielfalt an Daseinsformen und Lebensentwürfen in dieser Welt verdient einen ähnlichen »Artenschutz« wie er für Tiere und Pflanzen erforderlich ist. Kulturelle Identitäten dürfen nicht der Globalisierung unserer Welt geopfert werden. Die Welt würde sonst ärmer.

In den hoch entwickelten Ländern muss die effiziente Nutzung von Energie und Rohstoffen entscheidend vorangetrieben und die Wegwerfgesellschaft beendet werden. Wir dürfen die Natur nicht länger durch Übernutzung kurzsichtig ausbeuten, denn von den »Zinsen« auf das Naturkapital muss die wirtschaftliche Entwicklung »bezahlt« werden, wenn sie nachhaltig und nicht nur ein Strohfeuer sein will, das schnell wieder erlischt.

Pflanzen und Tiere in ihrer ganzen Pracht zu erhalten, ist eine moralische Verpflichtung. Investitionen in den Erhalt der natürlichen Vielfalt sind kein Luxus, sondern auch für uns Menschen zum Überleben notwendig. Sie schaffen die Grundlage für wirtschaftliche Entwicklung; Wirtschaft und Umwelt sind nicht Gegensätze, wie lange und häufig gedacht, sondern Verbündete, untrennbar aufeinander angewiesen. Denn für die Stabilität von Gesellschaften und somit auch für ein friedliches Miteinander ist die Vielfalt von Natur eine entscheidende Bedingung. Diese drei Säulen tragen das Dach, das wir als »nachhaltige Entwicklung« bezeichnen. Nachhaltige Umweltpolitik ist Teil einer vorsorgenden Friedenspolitik, die darauf abzielt, Armut zu überwinden und die Lebenschancen aller Menschen anzugleichen.

Was aber heißt »nachhaltig« in den vielen Bereichen, in denen Menschen für ihr Leben, für ihren Wohlstand Natur und Umwelt nutzen? Warum soll die Vielfalt von Tieren und Pflanzen erhalten bleiben? Reicht es nicht, dass wir in Samenbänken diese Arten verfügbar halten, um »notfalls« darauf zurückgreifen zu können? Warum sind die tropischen Regenwälder so wertvoll? Braucht man wirklich neue Energiequellen, die einen Rohstoffbestand nicht aufzehren, sondern sich immer wieder natürlich erneuern und die Umwelt gar nicht oder zumindest viel weniger belasten? Warum soll das Klima bei uns nicht wärmer werden? Vielleicht haben wir dann an den Schulen häufiger hitzefrei, vielleicht können wir Heizkosten sparen. Was ist bedeutsamer für eine nachhaltige Entwicklung – ein Feuchtgebiet, gleichsam ein »unterirdischer Wasserspeicher« –, das vielen Tier- und Pflanzenarten einen einmaligen Lebensraum bietet, oder die Trockenlegung dieses Feuchtgebietes, auf dem Menschen dann Mais oder Korn, Kartoffeln oder Maniok anbauen und ernten können? Welche Zusammenhänge bestehen zwischen solchen und vielen anderen Fragen an die Produktivität der Natur, der Ökosysteme für eine nachhaltige Entwicklung?

Immer umfassender wird unser Verständnis von den Möglichkeiten und Grenzen der menschlichen Einflussnahme auf die Natur. Immer deutlicher werden aber auch die weißen Flecken auf der Landkarte unseres Wissens. Von den Vorgängen im Weltall wissen wir mehr als von den Tiefen der Ozeane und der Weltmeere. Selbst beim Fund immer neuer Tier- und Pflanzenarten lernen wir, was es noch alles zu entdecken gibt. Dass die wissenschaftliche Forschung sich im Lichte neuerer Erkenntnisse über die Bausteine von Natur und Leben auch immer wieder selbst in Frage stellen muss, ist selbstverständlich. Wissenschaft ist auf die Widerlegung, auf die »Falsifizierung« bisheriger Kenntnisse ausgerichtet, sie muss kritisch bleiben gegenüber dem als gesichert Geltenden. Die wissenschaftliche Arbeit muss stetig weitergehen, wir dürfen sie aber nicht als Alibi benutzen, um uns vor entschlossenem Handeln zu drücken, das der gegenwärtige Erkenntnisstand uns abverlangt.

Um notwendige Veränderungen zu erkennen und Konsequenzen daraus zu ziehen, müssen wissenschaftliche Erkenntnisse allen zugänglich gemacht, konkret und verständlich »übersetzt« werden. Denn nur, was wir selbst verstehen, was wir einsehen, motiviert zum Handeln, und fordert Politik zu wirksamen Änderungen heraus. Es geht darum, Neugier zu wecken, gerade bei jungen Menschen, sie zu ermuntern, sich diesen faszinierenden und anspruchsvollen Fragen der Umwelt und der nachhaltigen Entwicklung zu stellen, sie in ihren Zusammenhängen besser zu verstehen und vor allem: neue Lösungen, neues Verhalten, neue Technologien zu erforschen und zu erproben.

Und doch ist die Beschäftigung mit Natur und Umwelt mehr als eine rein technische Frage. »Der Herr setze den Menschen in den Garten Eden, auf dass er ihn bebaue und bewahre« – so drückt es die Bibel in Genesis 2 aus. Bebauen *und* bewahren heißt es dort. Dieser christliche Auftrag findet sich in ähnlicher Form in allen Weltreligionen wieder, ist Teil von deren Verständnis von Mensch und Natur. Wir dürfen das Paradies, den Garten Eden nutzen, müssen aber stets im Auge behalten, dass seine Früchte auch jenen noch eine Lebensgrundlage liefern, die nach uns kommen.

Hunger satt

Kuchen, Eis, Pommes, Pizza – fast jeder zweite Erwachsene und viele Kinder hierzulande essen zu viel davon, schieben Speckröllchen vor sich her. Doch während wir uns mit überschüssigen Pfunden befassen, quält die Menschen in anderen Ländern das umgekehrte und viel schlimmere Problem: Sie haben nicht genug zu essen. Bestürzende Berichte von Hungersnöten in Afrika, von sterbenden Kindern erschrecken die Welt immer wieder. Wie soll das erst werden, wenn die Bevölkerung auf acht und neun Milliarden wächst? Denn ausgerechnet dort, wo das Leid am größten ist, kommen die meisten Kinder zur Welt. Und dort, wo die Existenz gesichert scheint, herrscht Nachwuchsmangel. Verkehrte, ungerechte, unorganisierte Welt.

Nennen wir sie Clara. Clara gibt es nicht wirklich, und doch könnte man sie genauso in Frankfurt, Berlin, Husum, Backnang, Höxter, Güstrow oder irgendwo sonst in Deutschland antreffen. Denn sie entspricht den statistischen Mittelwerten, ihr Lebensverlauf ist beispielhaft für gut Ausgebildete – sei es durch ein Studium, sei es durch eine gewerbliche oder handwerkliche Lehre. Mit sechs Jahren wird Clara, die noch einen älteren Bruder hat, eingeschult, nachdem sie einige Jahre im Kindergarten verbrachte. Am Nachmittag hat sie keine Pflichten, spielt mit ihren Freundinnen, geht zum Ballettunterricht oder zur Musikschule. Schnell lernt sie Lesen und Schreiben. Im Alter von 13 Jahren hat sie in der Schule das Thema Sexualaufklärung. Mit 16 geht sie immer noch zur Schule, verliebt sich und schläft das erste Mal mit einem jungen Mann. Sie weiß, wie man verhütet, wie man sich gegen Aids und eine mögliche Schwangerschaft schützt. Im Alter von 19 Jahren schließt sie das Gymnasium mit dem Abitur ab, beginnt zu studieren und verlässt das Elternhaus. Mit 29 Jahren heiratet Clara einen Kollegen, nachdem sie zwei Jahre zuvor das Studium beendet und einen Job gefunden hat. Mit 32 kriegt sie ein Kind, mit 36 kehrt sie ins Berufsleben zurück, mit 62 wird sie Großmutter, und mit 81 stirbt sie nach einem ausgefüllten Leben, in dem sie zwar auch Rückschläge erlitten hat, aber nie um ihr tägliches Brot kämpfen musste.

Ganz anders Beza, die in Äthiopien lebt und sechs Geschwister hat. Im Alter von sechs

Jahren geht sie nicht zur Schule, ihre Eltern können das Schulgeld nur für Bezas Brüder aufbringen. Stattdessen sammelt sie Feuerholz, hilft ihrer Mutter im Haushalt und bei der Feldarbeit. Sie lernt weder Lesen noch Schreiben. Als Beza 13 ist, stirbt ihre Mutter an Aids. Nun muss sich Beza, zusammen mit ihrer älteren Schwester, um den Haushalt und die Geschwister kümmern. Mit 16 heiratet sie einen 31 Jahre alten Mann, den ihr Vater für sie ausgesucht hat; schnell bekommt sie ihr erstes Kind. Ihr zweites Kind stirbt, als Beza 19 ist. Bei ihrer fünften Schwangerschaft – sie ist jetzt 29 – treten schwere Komplikationen auf, die sie nur knapp überlebt. Mit 33, ihr sechstes Kind ist gerade geboren, hat sie zum ersten Mal die Möglichkeit, Verhütungsmittel in Anspruch zu nehmen. Danach bekommt sie keine Kinder mehr. Mit 36, da kehrt Clara gerade wieder in ihren Beruf zurück, hat Beza bereits drei Enkel, mit 49 Jahren stirbt sie nach einem harten Leben.

Schrumpfende und wachsende Gesellschaften

Wie unterschiedlich doch Lebensläufe sein können: hier die behütete Clara, deren größte Sorge ist, ob sie beides schafft, Beruf und Familie, und die deshalb nur ein Kind kriegt, dort die früh in die Pflicht genommene Beza, deren Körper durch Arbeit und viele Kinder rasch ausgezehrt ist – verschiedene Welten in dieser einen Welt.

Und doch spiegeln Clara und Beza die derzeitige Lage wirklichkeitsgetreu wider: Bevölkerungswachstum und früher Tod auf der einen Seite, Bevölkerungsschwund und steigende Lebenserwartung auf der anderen. Beides findet gleichzeitig statt. Während wir uns in Deutschland den Kopf darüber zermartern, wie wir die alternde Gesellschaft durch mehr Kinderreichtum aufhalten, fragen sich viele

junge Paare in den Entwicklungsländern, wie sie an Verhütungsmittel kommen, um weitere Schwangerschaften zu verhindern.

Es sind gegenläufige, aber keine sich gegenseitig ausbalancierende Trends. Das Schrumpfen in Europa gleicht die Zunahme in den Entwicklungsländern nicht aus, deshalb lautet die Botschaft weiterhin: Die Menschheit wächst und wächst, die Erde muss immer mehr Bewohner verkraften und verköstigen. Es gibt immer mehr Bezas, immer weniger Claras; die Kluft zwischen Arm und Reich wird breiter, oft auch tiefer. Und doch wollen alle nur eins: gesund leben, ausreichend zu essen und trinken, eine Zukunft für sich und ihre Kinder haben. Und das ist durch-

Streit um Verhütung Frauenrechtlerinnen kämpften in den neunziger Jahren dafür, dass Frauen durch Zugang zu Verhütungsmitteln ganz allein darüber bestimmen können, wie viele Kinder sie wann bekommen. Das aber stieß auf der Internationalen Bevölkerungskonferenz in Kairo 1994 bei der katholischen Kirche, einigen arabischen Ländern und selbst bei den USA auf Widerspruch. Die Einen lehnten Verhütungsmittel generell ab, die Anderen sahen darin übertriebene Rechte für die Frauen, und die Dritten witterten in einer solchen Selbstbestimmung die Gefahr, Abtreibungen zu verharmlosen. Um allen Bedenken gerecht zu werden, einigte man sich schließlich auf den sperrigen Begriff »reproduktive Gesundheit«. Er bedeutet, dass »Menschen ein befriedigendes und ungefährliches Sexualleben haben können und dass sie die Fähigkeit zur Fortpflanzung und die freie Entscheidung darüber haben, ob, wann und wie oft sie hiervon Gebrauch machen wollen«. Inzwischen hat sich das Recht auf eine »reproduktive Gesundheit« als Fachbegriff in der internationalen Politik durchgesetzt. Anfangs aber erzeugte er reines Unverständnis. Beteiligte berichten, dass selbst die Übersetzer in Kairo Schwierigkeiten hatten. »Ehegatten nehmen Urlaub voneinander nach der Geburt«, formulierte der arabische Übersetzer. »Die Familie geht auf Urlaub«, hieß es plötzlich auf Russisch, und der chinesische Vertreter machte daraus: »Urlaub auf dem Bauernhof«. Dabei geht es doch eigentlich nur darum, ungewollte Schwangerschaften zu vermeiden.

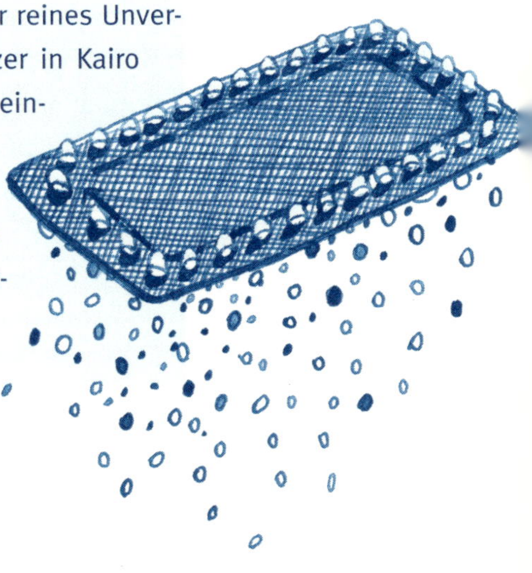

aus möglich, wenn wir behutsam mit der Natur umgehen, wenn wir sie tatsächlich »bebauen« statt sie weiter auszubeuten.

Etwa 6,5 Milliarden Menschen leben inzwischen auf unserem Planeten. Schon 2012 wird die siebte Milliarde voll sein. Jeden Tag kommen etwa 221 000 Erdenbürger dazu, 154 jede Minute – so viel wie sechs Grundschulklassen. Und Jahr für Jahr vergrößert sich die Menschheit fast um die Einwohnerzahl Deutschlands, um 70 bis 75 Millionen also. Zwar nimmt die Zuwachsrate seit einiger Zeit ab, vor allem durch Veränderungen in China und Lateinamerika. Aber: Nie zuvor in der Geschichte hat sich der Mensch so schnell vermehrt wie in der jüngeren Vergangenheit. Die erste Milliarde wurde im Jahr 1804 erreicht, die sechste bereits 1999. Im letzten Jahrhundert allein hat sich die Weltbevölkerung nahezu vervierfacht. Das ist ein einmaliger Vorgang. Wohin soll das, wohin kann das noch führen?

Zukunftsprognosen sind immer schwierig, besonders wenn sie menschliches Verhalten einbeziehen. Verhalten könnte sich ändern, wie wir in Deutschland innerhalb von einigen Jahrzehnten festgestellt haben. Während die fünfziger und sechziger Jahre als Baby-Boomer-Zeit gelten, Familien mit drei, vier und fünf Geschwistern keine Ausnahme waren, liegt die durchschnittliche Kinderzahl heute, statistisch gesehen, bei 1,3. Pille und andere Verhütungsmittel machen es möglich. Da zu jedem Baby ein Vater und eine Mutter gehören, setzt man den rechnerischen »Reproduktionswert« – das ist die Zahl an Nachwuchs, den man braucht, um den Bestand zu erhalten – einer Gesellschaft bei etwas über zwei Kindern pro Frau an. Davon sind wir genauso weit entfernt wie fast alle Staaten Europas. Einzig das kleine Island weist eine Rate von über zwei aus. Länder wie Frankreich, Norwegen und Schweden, die berufstätige Eltern sehr viel mehr als in Deutschland unterstützen, kommen an die Zweier-Quote heran, überschreiten sie aber auch nicht. Europa, ein Kontinent, der über Jahrhunderte immer mehr bevölkert wurde, entleert sich allmählich wieder. Es sterben jedes Jahr mehr Personen als geboren werden. Nicht dass wir in absehbarer Zeit überall vor Geisterstädten, ungenutzten Ackerflächen und leeren Straßen stünden. Nach wie vor weist dieser Erdteil insgesamt eine recht hohe Besiedlungsdichte auf, aber der Trend ist rückläufig. Nur Zuwanderungen vermögen daran etwas zu ändern, allerdings wird eine solche »buntere« Gesellschaft hohe Anforderungen an die Offenheit und Integrationsbereitschaft unserer Gesellschaft stellen.

Deutschlands Bevölkerung schrumpft, so hat das Statistische Bundesamt prognostiziert, bis zur Mitte des Jahrhunderts von heute 82 auf etwa 70 Millionen. Doch trifft der Schwund einige Regionen härter als andere, etwa den Osten Deutschlands oder ländliche Gebiete. Cottbus zum Beispiel zählte vor 15 Jahren noch fast 150 000 Bürger, heute nur noch 100 000. Und Cottbus ist keine Ausnahme, in vielen Kommunen stehen die Verantwortlichen vor dem Problem sinkender Einwohnerzahlen. Das hat Folgen für den Wohnungsbau, für die Laden- und Dienstleistungsstruktur, für den Verkehr und vieles mehr. Vorausschauend zu planen, sehr viel Anpassungsfähigkeit einzubauen, gerade bei der Infrastruktur, gehört deshalb zu den großen Herausforderungen Deutschlands, denen wir uns noch nicht genug gestellt haben.

Alte und Junge

Wir werden nicht nur weniger, sondern die Wenigen werden auch älter. Wir können uns in Gesundheit des Alters erfreuen: Ausgewogenere Ernährung, begrenzte körperliche Arbeit, medizinischer Fortschritt und bessere Hygiene haben die Lebenserwartung auf bisher nicht gekannte Weise erhöht, allein seit Anfang des vergangenen Jahrhunderts um satte dreißig Jahre. Und die Entwicklung ist, soweit sich das voraussagen lässt, noch lange nicht zu Ende. Wir leben länger – das ist erfreulich, aber das hat bei einer schrumpfenden Bevölkerung auch Konsequenzen.

In den nächsten vier Jahrzehnten steigt die mittlere Lebenserwartung um weitere sechs Jahre, für Frauen auf

Amerika hat es besser Die meisten Industrieländer sehen sich mit sinkenden Bevölkerungszahlen konfrontiert. Eine große Ausnahme bilden die Vereinigten Staaten: Dort werden immer noch mehr Menschen geboren als sterben. Das liegt an der beeindruckenden Geburtenrate von 2,1 Kindern pro Frau und an der hohen Zuwandererzahl. Die USA bleiben als Einwanderungsland beliebt. Wenn alle paar Jahre die so genannten »Green Cards« verlost werden, die Aufenthalt und Arbeit in Amerika erlauben, dann bewerben sich auf der ganzen Welt Millionen von Menschen. Nach China und Indien stellen die USA mit 300 Millionen die drittgrößte Landesbevölkerung weltweit. Dennoch stehen auch sie vor größeren Umwälzungen, weil sich die ethnische Zusammensetzung verschiebt: In den kommenden Jahrzehnten werden nicht mehr die Weißen die Mehrheit bilden, sondern bald schon Amerikaner hispanischer Herkunft, etwa aus Mexiko oder Costa Rica. Spannungen zwischen den verschiedenen Bevölkerungsgruppen sind nicht ausgeschlossen, falls die Einkommen so ungleichmäßig verteilt bleiben wie bisher.

etwa 87, für Männer auf 81 Jahre. In den meisten Entwicklungsländern gleicht der Bevölkerungsaufbau einer Pyramide mit einem breiten Sockel der Jungen und einer kleinen Spitze der Alten – es gibt viele Junge, wenige Alte. Bei uns ist es eher umgekehrt, die Jungen werden immer weniger und die Älteren im Verhältnis dazu immer mehr. Der Bevölkerungsrückgang in Deutschland und in anderen europäischen Ländern ist deshalb vor allem ein Problem der Altersaufteilung und weniger ein Mangel an »Köpfen«.

Eine der entscheidenden Fragen ist, wie immer weniger Junge immer mehr Ältere angemessen versorgen, denn durch die steigende Lebenserwartung gibt es auch mehr Rentenbezieher, und die kriegen länger Geld als früher. Abhilfe können da nur eine durchdachte Zuwanderungspolitik und ein konsequentes Programm zur Vereinbarkeit

von Beruf und Familie schaffen. Solange Frauen fürchten müssen, für immer aus dem Erwerbsleben ausgeschlossen zu bleiben, wenn sie sich für Nachwuchs entscheiden, zögern sie. Solange Arbeitgeber eine Schwangerschaft als Zumutung statt als Bereicherung empfinden, bleiben junge Frauen skeptisch. Ein Land beraubt sich seiner Zukunft, wenn Kinder als schiere Last betrachtet werden. Lust auf Kinder und Mut sind nötig, um Europa nicht vergreisen zu lassen. Zudem braucht es einen gesellschaftlichen Dialog über unseren Lebensstil: Solange materielle Dinge unser ganzes Streben beherrschen, haben Kinder kaum eine Chance, als Wert an sich zu gelten, obwohl sie genau das sind.

Zur Fortpflanzung zwingen kann man niemanden, dazu ist die Entscheidung zu persönlich – und zu schwerwiegend. Das beweisen auch alle finanziellen Anreize: Der Effekt ist geringer als gelegentlich angenommen. Frankreich zum Beispiel gibt pro Kind nicht mehr Geld aus als Deutschland, hat aber ein ausgeklügelteres Betreuungssystem und gilt generell als familienfreundlicher. Nicht Cash allein, obwohl auch das hilft, sondern ein familien- und kinderbejahendes Klima in der Gesellschaft ist der entscheidende Faktor. Sichere Beschäftigungsverhältnisse, flexible Arbeitszeiten, mehr Krabbelstuben, Ganztagsschulen, angemessene Wohnungen und ein neues Familienbewusstsein braucht es, um jungen Frauen – und Männern – die nötige Zuversicht für ein Kind zu geben.

Kinder und Armut

Während die Industriestaaten einen kleinen Baby-Boom gebrauchen könnten, plagen sich viele Entwicklungsländer, besonders in Afrika, mit dem umgekehrten Problem: Wie sie ihren zahlreichen Nachwuchs ernähren und versorgen sollen. In den Ländern südlich der Sahara bringen die Frauen im Schnitt 5,5 Kinder zur Welt. Dort wächst die Bevölkerung schneller als überall sonst und wird sich, wenn man die derzeitigen Gewohnheiten hochrechnet, bis zum Jahr 2050 mehr als verdoppeln, auf dann 1,75 Milliarden. Generell bekommen Frauen in den ärmsten Ländern immer noch am meisten Kinder. Das gilt auch für Asien und Lateinamerika. In Bezas Äthiopien leben heute knapp 80 Millionen, fast genauso viele wie in Claras Heimat. Deutschland wird jedoch bis zum Jahr 2050 um etliche Millionen schrumpfen, Äthiopien um mehr als das Doppelte wachsen.

Bleibt dieser Trend bestehen, dann gibt es Mitte dieses Jahrhunderts

»Live Aid« In Äthiopien herrschte Mitte der achtziger Jahre eine große Hungersnot, der Bob Geldof, irischer Sänger der Gruppe »Boomtown Rats«, nicht länger tatenlos zusehen mochte. Er trommelte Kollegen zusammen und organisierte ein gigantisches Benefizkonzert, das bis dahin größte der Geschichte, genannt Live Aid. Alle Rockgrößen der damaligen Zeit – darunter David Bowie, Mick Jagger, Bob Dylan, Paul McCartney, Phil Collins und Madonna – versammelten sich in London und Philadelphia, wo zwei Konzerte parallel stattfanden und im Wechsel in alle Welt übertragen wurden. Und tatsächlich sind bis heute durch Eintritt, später verkaufte Videos, CDs und DVDs mehr als 140 Millionen Euro erlöst worden. Im Jahr 2005 veranstaltete Bob Geldof zusammen mit dem Sänger Bono (U2) eine Fortsetzung der Live Aid-Konzerte unter dem neuen Namen Live 8. Diesmal wurden keine Spenden gesammelt, sondern Unterschriften, um die Entscheidungsträger der wichtigsten Industrienationen zur Erhöhung der Entwicklungshilfe und zu einem Schuldenerlass für Afrika zu veranlassen. Beides gelang wenigstens teilweise.

etwa neun Milliarden Menschen auf der Erde, fast ein Drittel mehr als heute. Doch nur ein geringer Teil davon – etwa 1,5 Milliarden – gehört den hoch entwickelten Staaten des Nordens an. Die anderen leben in den heutigen Entwicklungsländern, die Welt wird »südlicher« und städtischer. China zum Beispiel erwartet schon für das Jahr 2030, dass mehr als die Hälfte seiner Bevölkerung in Städten wohnt. Auch das hat Folgen für das Zusammenleben.

Doch schon jetzt schaffen wir es nicht, jeden mit Essen und Trinken, schon gar nicht mit einem Dach über dem Kopf und Arbeit zu versorgen. 800 Millionen Menschen gehen jeden Abend hungrig schlafen, mehr als in der Europäischen Union wohnen. Daran hat sich trotz großer Anstrengungen auch über die Jahre kaum etwas geändert. Alle Weizensäcke, die nach Afrika transportiert wurden, und alle Prominenten, die gespendet oder gesungen haben, vermochten das Elend höchstens zu lindern, aber nicht zu beseitigen. Armut ist noch lange nicht Geschichte. Die Forderung »Make poverty history« zu verwirklichen, ohne Natur und Umwelt zu übernutzen, ist die zentrale Herausforderung der Zukunft. Bisher aber bleibt es bei der erschreckenden Tatsache, dass wir zwar genug Brot für alle hätten, die Laibe aber nicht zu den Mündern bringen. Stattdessen registrieren wir Hunger satt. Das müsste nicht sein. Die Erde gibt mehr als genug her. Zumindest jetzt noch. Bei zwölf oder fünfzehn Milliarden mag sich das Bild vielleicht irgendwann wandeln.

Dass Hunger vermeidbar wäre, zeigt allein folgendes Zahlenbeispiel: In den neunziger Jahren des letzten Jahrhunderts lebten 80 Prozent der unterernährten Kinder in Ländern, die einen Nahrungsmittelüberschuss produzierten. Statt die eigene Bevölkerung zu ernähren, wurden Produkte auf dem Weltmarkt angeboten, weil sie dort höhere Erlöse erzielten. Zur gleichen Zeit unterzogen sich junge Menschen in den In-

dustrieländern immer häufiger einer Diät, weil sie sich schon früh zu viel auf die Rippen gefuttert hatten. Jede zweite deutsche Frau und zwei von drei Männern haben Übergewicht. Auch hier: verkehrte, ungerechte, unorganisierte Welt. Warum verzehren die Einen nicht einfach weniger, auch zum Vorteil ihrer Gesundheit, und lassen die anderen satt werden?

Die Sache ist leider vertrackter. Zwar schätzt die Weltgesundheitsorganisation (WHO), dass es weltweit mit über einer Milliarde Fettleibigen mehr Dicke als Hungernde gibt. Diesen Fettleibigen würde Abspecken nicht schaden. Aber der Kampf gegen das Übergewicht wird den Hunger nicht beseitigen. Weniger Verbrauch und Verschwendung von Lebensmitteln in den reichen Ländern ist zwar erstrebenswert, wird den Bedürftigen aber noch lange nicht aus ihrer Misere helfen. Denn Hunger hängt immer mit Armut, oft mit Krankheiten oder Naturkatastrophen und manchmal mit Kriegen, Unruhen und Korruption zusammen. Was also tun, um die Armen mit Essen zu versorgen?

Pfundskerle Die Deutschen essen zu fett und zu süß, vor allem aber zu viel. Bewegungsmangel durch zu viel Fernseh- und Computerkonsum tun ein Übriges. Jedes fünfte Kind hat mit Extra-Pfunden zu kämpfen. Das stört nicht nur optisch, sondern ist ein echtes Gesundheitsrisiko. Menschen mit Übergewicht erkranken später häufiger an Diabetes, auch Gefäß- und Herzkrankheiten werden damit in Zusammenhang gebracht. Ganz abgesehen vom persönlichen Wohlbefinden und Selbstwertgefühl, das mit jedem zusätzlichen Pfund schwindet. Die Weltgesundheitsorganisation empfiehlt vor allem Europäern und Nordamerikanern, viel mehr Obst und Gemüse zu verzehren, statt Muffins, Fritten, Pizzas, Burger und Hähnchen in sich hineinzuschaufeln. Dazu ausreichend Sport und genügend Schlaf. So bleibt man länger fit und gesund.

Hilfe zur Selbsthilfe

Weizen, Reis, Bohnen und Hirse um die Welt zu schicken, ist sicher nicht die Lösung – jedenfalls nicht in normalen Zeiten. Bei großen Katastrophen wie Tsunamis, Erdbeben, Dürren oder Hurrikanen bleibt schnelle Hilfe unerlässlich. Das gebietet schon das menschliche Mitgefühl. Aber ansonsten unterbrechen Nahrungsmittellieferungen von außen nur örtliche Märkte, zerstören das gewachsene Gefüge und den Aufbau einer eigenen Landwirtschaft. Der alte Grundsatz von der »Hilfe zur Selbsthilfe« gilt heute genauso wie vor zwanzig Jahren. Nur wer Arbeit findet, als Angestellter oder auf dem eigenen Stück Land, kann sich dauerhaft selbst ernähren. Bedingungen zu schaffen, bei denen jeder Mensch eine Chance hat, sein Leben zu sichern, darin liegt die Kunst.

Der amerikanische Ökonom Jeffrey Sachs, der den früheren UN-Generalsekretär Kofi Annan in Entwicklungsfragen beriet, hält das scheinbar Unmögliche für möglich: Die Armut binnen zehn Jahren abzuschaffen. Mit diesem Slogan reist er durch die Welt und provoziert alle Skeptiker. Extreme Armut, so seine Theorie, entsteht dort, wo wegen widriger Bedingungen noch nicht einmal der Beginn eines wirtschaftlichen Wachstumsprozesses möglich ist. Schuld daran können Krankheiten wie Aids oder Malaria sein, der Mangel an Infrastruktur wie Straßen zum nächsten Ort oder die fehlende Verfügbarkeit selbst simpelster Technologien wie Moskitonetze oder Wasserpumpen. Werden diese Mängel behoben, durch Unterstützung von außen, dann könnte in solchen Ländern der Wachstumsmotor anspringen und für knapp eine Milliarde Menschen der Weg aus bitterer Armut zum Existenzminimum gelingen, lautet seine optimistische Einschätzung. Dafür aber bräuchte es viel mehr Geld als bisher. Statt der knapp 80 Milliarden Dollar, welche die reichen Länder, die so genannten Geber im Jahr 2004 weiterreichten, 100, 150 oder noch mehr. Diese Summe entspräche dann auch der

Verpflichtung, die von den hoch entwickelten Ländern bereits 1992 beim Gipfel für Umwelt und Entwicklung in Rio de Janeiro übernommen worden ist: 0,7 % ihres Bruttosozialprodukts »so bald wie möglich« für Entwicklungszusammenarbeit auszugeben. Nur eine Handvoll Länder in Europa hat dieses Ziel bisher erreicht, im Durchschnitt liegt der Satz bei gerade mal der Hälfte, auch in Deutschland, das sich allerdings eine stetige Steigerung für die nächsten Jahre vorgenommen hat. Aus eigener Kraft nämlich schaffen es die benachteiligten Ländern nicht, dem Teufelskreis aus Armut und Bevölkerungswachstum zu entrinnen. Das ist übrigens keine Frage reiner Mildtätigkeit, sondern liegt auch in unserem ureigensten Interesse, weil solche Investitionen helfen, die Welt sicherer zu machen, Armutswanderungen und Konflikte zu vermindern. Davon profitieren auch wir. Aber Geld allein genügt nicht: Zudem braucht es gute Ausbildungen für junge Menschen und die Verhinderung hoch subventionierter Agrarexporte.

Jeffrey Sachs bezieht sich in seinem Kampf gegen die Armut auf Be-

Große Ziele Zu historischer Stunde, dem Millenniumswechsel im Jahr 2000, nahmen sich die Führer der Welt vor, Armut und Elend innerhalb von 15 Jahren deutlich zu begrenzen. Dafür verabschiedeten sie acht Millenniumsentwicklungsziele, die bis 2015 spürbar Linderung für Millionen von Menschen bringen sollen.

Ziel 1: Den Anteil der Weltbevölkerung, der unter extremer Armut und Hunger leidet, halbieren

Ziel 2: Allen Kindern eine Grundschulausbildung ermöglichen

Ziel 3: Die Gleichstellung der Geschlechter und die politische, wirtschaftliche und soziale Beteiligung von Frauen fördern, besonders im Bereich der Ausbildung

Ziel 4: Die Kindersterblichkeit verringern

Ziel 5: Die Gesundheit der Mütter verbessern

Ziel 6: HIV/Aids, Malaria und andere übertragbare Krankheiten bekämpfen

Ziel 7: Den Schutz der Umwelt verbessern, Zugang zu Wasser sichern

Ziel 8: Eine weltweite Entwicklungspartnerschaft aufbauen.

Noch sind wir vom Erreichen vor allem des ersten Ziels weit entfernt, aber bis 2015 liegen noch ein paar Jahre vor uns.

schlüsse der Vereinten Nationen. Zum Millenniumswechsel haben die Kanzler und Präsidenten dieser Welt – für Deutschland Gerhard Schröder – sich ein ehrgeiziges Ziel gesetzt: Binnen fünfzehn Jahren, bis 2015, soll das Elend der Ärmsten deutlich verringert sein. Die prominenten Politiker verständigten sich auf acht konkrete Vorhaben, die so genannten »Millennium-Entwicklungsziele«. Sechs der fünfzehn Jahre sind vergangen, und die Bilanz fällt gemischt aus: Fortschritte gibt es vor allem in Lateinamerika und in Teilen Asiens, deutlich verfehlt werden die Ziele bisher in Afrika.

Wenn aber Hunger sich schon jetzt nicht ausmerzen lässt, was droht dann erst in Zukunft angesichts einer immer weiter wachsenden Weltbevölkerung? Und welche Folgen hat der Klimawandel für Ernteerlöse? Die Welternährungsorganisation (FAO) spricht von einer Aufgabe, die »noch schwieriger wird als heute«, aber bewältigt werden kann. Denn im Laufe der letzten Jahrzehnte wurde die Erntemenge ständig gesteigert, wurden immer mehr Brot und Reis produziert. Das ist auch in Zukunft möglich. Wichtig sind klügere Anbaumethoden, etwa durch wassersparende Techniken, höhere Erträge und gleichzeitig bessere Regeln für den Umweltschutz. Deshalb erfordert es dringend entschlossene Zusammenarbeit, um Böden zu erhalten und die fortschreitende Wüstenbildung einzudämmen. Und es bedarf einer leistungsfähigen Landwirtschaft in den Entwicklungsländern, die nicht durch hoch subventionierte Erzeugnisse aus den Industriestaaten um alle Marktchancen gebracht wird. Mahatma Gandhi, der in Indien den gewaltlosen Widerstand gegen die englische Kolonialmacht organisierte und seine Landsleute

ermahnte, ihren eigenen Kräften zu vertrauen, sagte einst: »The world has enough for everybody's need, but not for everybody's greed.« (Die Welt hat genug für alle Bedürfnisse, aber nicht für jede Gier.) Gandhis Erkenntnis gilt bis heute.

Umstrittene Gentechnik

Manche sehen in der Gentechnik eine Lösung für viele der heiklen Zukunftsfragen. Sie könnte uns zum Beispiel mit widerstandsfähigeren und ertragreicheren Pflanzen versorgen und so den Hunger lindern. Sie könnte uns medizinischen Fortschritt bringen und so bisher unheilbare Krankheiten ausrotten. In Deutschland ist sie umstritten, anderswo verbindet sich auch Hoffnung mit ihr. Aber wie groß sind die Chancen der Gentechnik tatsächlich?

Die genetischen »Bausätze« selbst des Menschen sind heute entschlüsselt, wenn auch noch nicht in allen Wechselwirkungen bekannt. Dadurch wachsen die Möglichkeiten – und Verlockungen –, die Gene gezielt zu unserem Nutzen zu »manipulieren«. Das gilt besonders für die so genannte »weiße Gentechnik«, die unsere medizinischen Erkenntnisse erweitert. Viele schwer kranke Menschen setzen all ihre Hoffnungen in solche Fortschritte.

Aber Wissenschaftler können auch in die Gene von Pflanzen und Tieren eingreifen, etwa um sie resistent gegenüber bestimmten Krankheitserregern zu machen oder ihren Wasserbedarf zu reduzieren, sie beim Transport nicht verderben zu lassen, ihnen zu mehr Vitaminen oder zu weniger Fett zu verhelfen und vieles mehr. Diese »grüne Gentechnik« ist ebenso verheißungsvoll wie umstritten. Viele Fragen verbinden sich mit ihr: Können manipulierte Pflanzen wirklich mehr leisten? Sind die möglichen negativen Folgen für

Mensch und Natur schon ausreichend erforscht? Wer haftet für Fehler und Schäden? Wem gehören die Pflanzen – den Unternehmen, die sie »geschaffen« haben, oder allen Menschen? Fragen, auf die es bis jetzt nur ansatzweise Antworten gibt. Die aber wären nötig, um Grenzen und Möglichkeiten genetischer Veränderungen gegeneinander abzuwägen.

Es war der Augustiner-Pater Gregor Mendel, der mit seinen »Mendelschen Gesetzen« und der gezielten Kreuzung von Pflanzen im 19. Jahrhundert den Weg dafür bereitete, Sorten zu verbessern. Schwächere Exemplare »mendelte er aus«. Dadurch verzeichnete die Landwirtschaft große Ertragssteigerungen – ohne Eingriffe in genetische Strukturen. Das wird mit besseren Methoden und Erkenntnissen auch heute noch erfolgreich praktiziert, die Forschung ist vorangeschritten. Wir können sie auch nicht mehr zurückdrehen, denn einmal erworbenes Wissen lässt sich nicht wieder »ungeschehen« machen. Der Schweizer Schriftsteller Friedrich Dürrenmatt erzählt in seinem Theaterstück »Die Physiker« von der Möglichkeit des Missbrauchs wissenschaftlicher Erkenntnisse. Umso umsichtiger und verantwortungsvoller müssen wir damit umgehen.

Deshalb hat die Völkergemeinschaft im Jahr 2000 einen bindenden Vertrag zur biologischen Sicherheit erarbeitet, das »Cartagena Protokoll«. Dieses Übereinkommen regelt den grenzüberschreitenden Handel mit gentechnisch veränderten Tieren und Pflanzen, damit hofft man, einiger Gefahren Herr zu werden; das Vertragswerk muss sich in der Praxis aber erst noch bewähren. Gentechnik in Bausch und Bogen zu verurteilen, hilft genauso wenig, wie uns überzogene Heilserwartungen weiterbringen. Im Übrigen, so viel ist schon jetzt klar, lässt sich eine wachsende Weltbevölkerung ohnehin nicht allein mit angewandter Gentechnik ernähren. Pflanzen, die sich erfolgreicher gegen Schädlinge wehren oder schneller zur Erntereife gelangen, können die Lage zwar verbessern, das Problem aber nicht lösen. Eine bewusste und wirksame Steigerung der landwirtschaftlichen Produktivität, die Erhaltung der Artenvielfalt bei

Nutzpflanzen gerade in den Entwicklungsländern wird die Grundlage der Ernährungssicherheit bleiben müssen.

Hunger ist im Moment vor allem eine Frage des Zugangs und der Verteilung von Nahrungsmitteln. Essen gibt es genug. Daran wird sich nach Berechnungen der Welternährungsorganisation in den nächsten dreißig Jahren nichts ändern. Aber: Die Zuwächse in der Landwirtschaft müssen mit dem Bevölkerungswachstum in Einklang gebracht werden, ohne dass die Ökosysteme, die den Anbau von Reis, Mais und Weizen überhaupt erst ermöglichen, gefährdet, übernutzt oder sogar zerstört werden.

Kondome für alle

Wie viele Kinder eine Frau kriegt, hängt von verschiedenen Faktoren ab, unter anderem davon, ob sie eine Schule besuchen und ob sie verhüten darf. Würden alle Menschen auf Wunsch mit Kondomen, Spiralen, mit der Pille oder Verhütungsmitteln anderer Art versorgt, dann käme, wie Untersuchungen zeigen, in den Entwicklungsländern jedes fünfte Kind nicht zur Welt. Niemand soll unfreiwillig auf Nachwuchs verzichten, schon gar nicht aus globalen Gründen. Der Hinweis aus dem kinderarmen Norden, im Süden würden einfach zu viele Kinder geboren, wirkt angesichts seines überproportionalen Ressourcenverbrauchs selbstgerecht und wenig überzeugend. Allerdings zeigen Umfragen, dass Frauen wie Beza fast überall weniger Nachwuchs möchten, ihnen aber die Mittel fehlen, ihre Familiengröße gezielt zu planen. Das sollten wir ändern, die Verfügbarkeit erhöhen, kulturelle und religiöse Hindernisse und Tabus abbauen. Jedes Paar muss die Freiheit haben, sich bewusst für oder gegen Kinder zu entscheiden. Denn bis auf weiteres gilt: Die Erde kann noch einige Millionen, ja Milliarden, mehr ernähren, wenn die Menschen die Natur weise nutzen.

Das »blaue Gold«

Wasser ist knapp, zumindest in der Qualität, die der Mensch benötigt. Bei uns kommt es aus dem Hahn, aber das ist längst nicht überall so: 1,1 Milliarden Menschen fehlt jeder Zugang zu gesundem Wasser. Täglich sterben bis zu 5000 Menschen, vor allem Kinder, an vermeidbaren Krankheiten, weil sie verunreinigtes Wasser getrunken haben. Und viele Frauen und Mädchen in den Entwicklungsländern müssen täglich kilometerweit laufen, um Wasser herbeizuholen. Wir hingegen gehen sorglos um damit, wir haben reichlich davon. Aber andere Regionen sind wasserarm, wie die arabische Welt oder Nordafrika. Zugleich muss die Erde eine ständig wachsende Menschenmenge ernähren und »tränken«. Eine der großen Zukunftsaufgaben ist deshalb die gerechte Verteilung und der effiziente Umgang mit diesem kostbaren Gut.

Wasser ist vielfältig. Es schmiegt sich an, formt Steine, Schluchten und Täler, sprengt Straßen und lässt Landstriche versinken. Wir können in Wasser duschen, baden, schwimmen, damit Blumen gießen, waschen oder unseren Durst löschen. Wasser ist geruch- und geschmacklos, farblos, lichtdurchlässig und ein hervorragendes Lösungsmittel. Es kann flüssig, gasförmig (als Wasserdampf) oder fest (als Eis) sein, es kommt als erquickender Sommerschauer, als flatternde Schneeflocke oder als prasselnder Dauerregen vom Himmel; es sickert in den Boden, sammelt sich in der Erde, wird als Grundwasser gespeichert, wird dann zum Quell, zum Bach, zum Fluss, fließt schließlich ins Meer und verdunstet durch die Energie der Sonne vor allem über den Ozeanen wieder – der ewige Kreislauf des Wassers, ohne den es kein Leben gäbe.

Wasser ist gesund. Es stärkt unser Abwehrsystem und Wohlbefinden, hält unseren Körper fit, manche sagen auch: jung. Schon Goethe zog sich regelmäßig nach Karlsbad oder Marienbad zurück, um Kraft für neue Großtaten zu schöpfen. Und bis heute tun das viele Menschen bei Trink-, Bade- und Kneippkuren. Denn Wasser werden heilende Kräfte zugeschrieben. Für die Anhänger der Homöopathie hat Wasser sogar ein »Gedächtnis«, mit dem es diese Wirkung weitergeben kann.

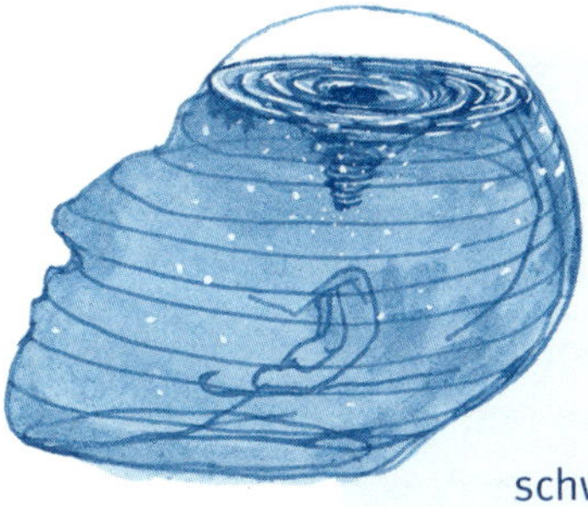

Grundstoff des Lebens Der Mensch besteht zu etwa zwei Dritteln aus Wasser; es ist das wichtigste Transport- und Lösungsmittel in unserem Körper: Es verdünnt die Magensäure, spaltet und transportiert Salze, löst Hormone, Proteine, Vitamine oder Zuckermoleküle. Mindestens zwei Liter Wasser braucht jeder am Tag. Wenn ein Mensch schwitzt und zu viel ausscheidet, ohne »nachzufüllen«, wird dem Blut Wasser entzogen, es »dickt« ein, die Versorgung mit Sauerstoff nimmt ab, bald stellen sich die ersten Symptome einer Dehydration, einer Austrocknung, ein: Kopfschmerzen, Müdigkeit, Verstopfung, Krämpfe. Bei völligem Wasserentzug kann man, je nach Temperatur, noch drei bis sieben Tage leben, ohne Essen dagegen hält der Körper bis zu fünfzig Tage durch.

Wasser ist mystisch. In allen großen Religionen spiegelt sich darin die Gegenwart Gottes. Die Christen taufen ihre neuen Gemeindemitglieder und waschen damit ihre Sünden ab. Die Buddhisten stellen einen Krug neben ihre Toten und füllen ihn, bis er überquillt und das Wasser in eine Schale tropft – so »fließt« die Seele der Erlösung entgegen. Im Hinduismus trägt Wasser die Seelen zum ewigen Leben oder zu einer irdischen Wiedergeburt. Flüsse, speziell der Ganges, sind den Hindus heilig. Und der Islam hat seinen Ursprung in den Wüstenregionen der arabischen Welt, wo Wasser besonders kostbar ist und für Leben, Fruchtbarkeit und Vegetation steht, im Gegensatz zu Mangel, Dürre und Tod. So gehört das Trinken aus einer heiligen Quelle in der Nähe von Mekka zu den religiösen Pflichten jedes Pilgers. Im Judentum spielt das rituelle Bad in der »Mikwe« eine große Rolle. Frauen sollen sich nach der Menstruation und nach der Geburt eines Kindes in der Mikwe reinigen, und auch für Männer gibt es verschiedene Anlässe für ein solches Bad, etwa vor hohen Feiertagen oder vor der Heirat.

Wasser ist Kultur. Ganze Zivilisationen haben sich in seiner Nähe entwickelt, am Rhein, Nil, an Euphrat und Tigris, am Indus und Jangtse. Aber auch in Japan und Afrika hat Wasser eine bestimmende und lange kulturelle Tradition. Einige der schönsten Städte durchzieht ein mächtiger Strom: Paris die Seine, London die Themse, Rom der Tiber, Köln der Rhein, Kairo der Nil. Andere liegen an Seen, Ufern oder Mündungen wie Toronto, Buenos Aires, New York, Stockholm oder Lissabon.

Wasser ist sozial. Brunnen waren immer ein Quell des Streits, aber auch ein Ort der Begegnung – und sind es bis heute. Nicht zufällig stehen sie mitten in Fußgängerzonen, auf Piazzas, in Parks und Gärten, eben dort, wo öffentliches Leben stattfindet und erwünscht ist. Viele der bekanntesten Plätze dieser Welt zieren Brunnen oder Wasserspiele: Das gilt für den Petersplatz in Rom genauso wie für den Stachus in München, den Opernplatz in Frankfurt oder die Place de la Concorde in Paris. Wasser als Teil des gesellschaftlichen Miteinander hat eine lange Geschichte: Badehäuser, Kurorte, Schwimmbäder bis hin zu den modernen Wellness-Tempeln – sie alle sind Beispiele für den sozialen Charakter des Wassers.

Die Wasserarmen

Wasser ist wunderbar vielfältig – aber in vielen Regionen auch bedauerlich knapp, obwohl drei Viertel der Erdoberfläche unseres »blauen« Planeten mit Wasser bedeckt sind. 1,4 Milliarden Kubikmeter Wasser enthält die Erde, davon sind allerdings 97 Prozent ungenießbares, salziges Meerwasser. Gerade mal drei Prozent ist Süßwasser, davon sind neun Zehntel an den Polen und in den Gletschern gebunden. Nur ein Zehntel ist für uns mit dem Regen aus Seen, Teichen, Flüssen, Feuchtgebieten und aus dem Grundwasser nutzbar. Das reicht zwar rechnerisch für uns alle. Doch dieses Süßwasser konzentriert sich auf bestimmte Regionen der Welt, in anderen wird es immer spärlicher.

Sechs Staaten – Brasilien, Russland, Kanada, Indonesien, China und Kolumbien – verfügen über die Hälfte des weltweiten Frischwasservorrats. Zu den wasserärmsten Regionen gehört der Gazastreifen, wo immer mehr Einwohner auch schlechtes und salzhaltiges Brackwasser nutzen müssen. Ebenfalls auf dem Trockenen liegen Kuwait, die Vereinigten

Arabischen Emirate, wie überhaupt die arabische Welt und Nordafrika zu den dürrsten Gebieten der Erde zählen. Dass es dort trotzdem hier und da grünt und blüht, ist der Meerwasserentsalzung zu verdanken, die allerdings viel Geld kostet und große Mengen Energie verbraucht. Europa und Nordamerika hingegen gelten als begünstigt, aber auch hier hat der Norden jeweils mehr Wasser als der Süden. Anders in China: Dort ist der Norden im Gegensatz zum Süden extrem wasserarm. Auch Kanada hat 90 Prozent seines Wassers dort, wo nur zehn Prozent seiner Einwohner leben.

Australien ist der trockenste Kontinent, doch leben dort relativ wenig Menschen. In Asien konzentrieren sich 80 Prozent der Niederschläge auf die kurze, dreimonatige Monsun-Saison, die fürs restliche Jahr ausreichen müssen. Afrika ist aufs Ganze gesehen gut mit Wasser versorgt, aber ein Drittel des verfügbaren Frischwassers ergießt sich in einen einzigen Fluss: den Kongo, und der fließt über weite Strecken durch unzugänglichen Dschungel, fernab menschlicher Siedlungen. In Süd-

Wasser und Feuer Wir sind es gewöhnt, den Hahn in Küche oder Badezimmer aufzudrehen, wenn wir Wasser brauchen; wir stellen den Herd an, wenn wir etwas kochen wollen. In anderen Teilen der Welt sind Wasser und Holz zum Feuern viel schwerer zu besorgen. In der UNICEF-Broschüre »Jeder Tropfen zählt« kann man Geschichten von der mühsamen Beschaffung solcher zum Leben notwendigen Dinge lesen. Von Bhahkita zum Beispiel, einem elfjährigen Mädchen aus einem abgelegenen Dorf im Sudan, die später Ingenieurin werden und Wasserpumpen bauen möchte. »Ihr Tag beginnt um fünf Uhr morgens. Sie melkt die Ziegen, kocht die Milch, spült und bereitet Tee für die Familie. Obwohl sie wegen ihrer Haushaltspflichten oft zu spät kommt, ist sie eine der besten Schülerinnen ihrer Klasse. Kurz nach Mittag rennt sie mit zwei Freundinnen nach Hause, um die Wasserkanister zu holen. Schnell machen sich die drei Mädchen auf den Weg zu der fünf Kilometer entfernten UNICEF-Wasserpumpe. Zum Glück haben sie Esel, die die gefüllten Kanister tragen. Zurück im Dorf werden die Kanister abgeladen, und dann geht es noch einmal los: Acht Kilometer in die andere Richtung, diesmal um Feuerholz zu holen.«

amerika hingegen leben nur fünf Prozent der Menschheit, dort befinden sich aber drei der zehn größten Flüsse: Amazonas, Orinoco, Paraná. Welche Dimension allein der Amazonas, der »Fluss der Flüsse«, einnimmt, zeigen einige Zahlen. Sein Volumen entspricht dem Hundertfachen des Rheins, an seiner Mündung misst er stolze 100 Kilometer.

Die Wasservorräte variieren mithin sehr stark auf der Welt. Das erklärt wenigstens zum Teil, warum Frauen und Kinder in Afrika kilometerweit laufen müssen, um einen Kanister Trinkwasser zu besorgen oder warum die Vereinigten Arabischen Emirate die Entsalzung von Meerwasser zu einer nationalen Aufgabe erklärt haben.

Wir Wasserreichen

In Deutschland werden wir von der Natur reichlich mit Wasser versorgt, nicht einmal ein Drittel der jährlichen Niederschläge nutzen wir. Wir stehen im Gegenteil in manchen Gegenden vor dem widersinnigen Problem, dass zu wenig Wasser durch die Rohre fließt. Vor allem im Osten Deutschlands, wo die Bevölkerung schrumpft und die Industrieproduktion nach der deutschen Vereinigung zurückgegangen ist, werden ganze Netzteile nicht mehr benötigt, müssen aber mitversorgt werden. Magdeburg zum Beispiel zählte 1989 noch rund 285 000 Einwohner. Heute sind es nur 225 000, deren Zahl bis 2020 voraussichtlich auf 195 000 abnehmen wird. Der Wasserverbrauch ging von 1990 bis 1995 um 40 Prozent zurück. Sinkt er jedoch unter ein bestimmtes Niveau, steigt der Aufwand für die Versorger. Leitungen müssen durchgespült werden, schon um Geruchsbelästigungen zu vermeiden. Investitionen zur Anpassung an die neue Lage führen zu weiteren Betriebskosten, die sich durch höhere Gebühren bemerkbar machen. Das alles sind Probleme einer schrumpfenden, aber durchaus wohl-

Wasserverbrauch in Zahlen Knapp 130 Liter Wasser verbraucht ein Deutscher durchschnittlich pro Tag. Das entspricht zehn bis elf Sprudelkästen. Mehr als ein Drittel davon läuft im Bad in den Abfluss. Ein weiteres knappes Drittel entschwindet in der Toilette, und noch einmal zehn Prozent »verschluckt« die Waschmaschine. Essen und Trinken machen mit einem Anteil von drei Litern nur einen Bruchteil des Gesamtverbrauchs aus. Den internationalen Vergleich brauchen die Deutschen jedoch nicht zu scheuen, denn sie belegen beim Pro-Kopf-Verbrauch unter den Industrieländern einen Platz im unteren Bereich: In Australien zum Beispiel liegt er bei 350 Litern, in den Vereinigten Staaten sogar bei 400 Litern, in der Sahel-Zone dagegen nur bei etwa 30 Litern.

habenden Bevölkerung. In den meisten Regionen der Welt liegt der Fall ganz anders.

Auch die Qualität des Wassers hat sich in den letzten drei Jahrzehnten stetig verbessert. Der Rhein, noch vor nicht allzu langer Zeit als »Kloake Europas« verschmäht, bietet inzwischen selbst anspruchsvollen Fischen wie dem Lachs wieder Lebensraum. Bei einer Messung im Jahr 2004 zählte man 15 verschiedene Fischarten – drei mehr als zwei Jahre zuvor; dazu gehörten Aale, Barben, Barsche, Brassen, Döbel, Rapfen, Rotaugen, Rotfedern, Welse und Zander. Strengere Auflagen vor allem für die Industrie, aber auch verbesserte Klärmethoden haben entscheidend zur höheren Wasserqualität in Deutschland beigetragen. Viele Großunternehmen verfügen mittlerweile über firmeneigene Kläranlagen. Das Chemiewerk BASF zum Beispiel betreibt nach eigenen Informationen eine der größten derartigen Anlagen Europas. Damit können die Abwässer von rechnerisch sechs bis sieben Millionen Menschen gereinigt werden. In Zukunft allerdings brauchen wir mehr kleine und dezentrale Klärwerke, die sich die Reinigungskraft der Natur intelligenter zunutze

machen. Unterschiedliche Abwässer müssen, wo immer möglich, getrennt gereinigt, am besten muss Abwasser vermieden werden.

Viele Produktionsprozesse, die mit einem hohen Verbrauch und einer starken Belastung verbunden waren, sind inzwischen grundlegend verändert. Andere wurden in ärmere Regionen der Welt verlagert, wo die Umweltgesetze nicht so strikt sind. Doch durch ihre Investitionen sorgen deutsche oder europäische Firmen immer wieder auch für höhere technologische Standards und damit für mehr Umweltschutz in den Entwicklungsländern.

In Deutschland unterliegt die Trinkwasserversorgung strengen Vorschriften. Auch hierzulande sind Gewässer mit Rückständen, etwa aus der Landwirtschaft, belastet – vor allem mit Nitrat und Nitrit, mit Pestiziden, Keimen und Bakterien. Wasserwerke entfernen diese Schadstoffe mühsam, bis das gereinigte Wasser den Richtlinien der »Trinkwasserverordnung« entspricht und »keimarm, farblos und geruchlos« ist.

Anschließend wird das geklärte Wasser in einen »Vorfluter« geführt, also in einen Fluss oder Bach. Dort reinigt es sich ganz natürlich, be-

Klärend Die Klärwerke bereiten das so genannte Rohwasser, also das in Kanälen gesammelte Abwasser der Haushalte, oft auch der Industrie, je nach Belastungsgrad unterschiedlich auf. Drei technische Verfahren sind entwickelt: Das rein mechanische Verfahren, bei dem zum Beispiel mit Rechen die groben Feststoffe aus dem Wasser entfernt werden. Dann gibt es die biologische Klärstufe, bei der vor allem Sauerstoff für die Entwicklung von Mikroorganismen zugeführt wird. Damit werden die organischen Belastungen entscheidend abgebaut, »gefällt«. In hoch entwickelten Anlagen existiert darüber hinaus eine chemische Klärstufe. Dann fließt das Wasser durch riesige Mehrschichtfilteranlangen. Schließlich hilft Ozon noch dabei, Krankheitserreger abzutöten und unerwünschte organische Stoffe zu beseitigen, indem es langkettige Kohlenwasserstoffverbindungen aufbricht. Zum Schluss neutralisieren Aktivkohlefilter – das sind Filter, mit denen poröse Kohle Schadstoffe bindet – unangenehme Geschmacksstoffe.

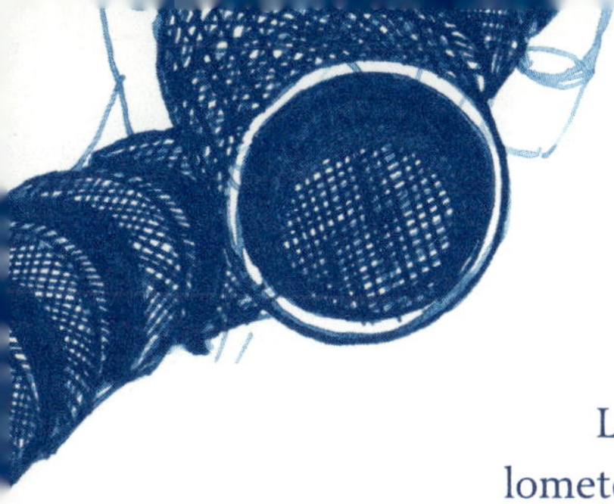

vor es über Wasserwerke in das Leitungssystem und dann in unsere Bäder, Küchen und Klos gelangt. In Deutschland hat dieses Leitungssystem eine Länge von gut 400 000 Kilometern und würde damit etwa 10 Mal um die Erde reichen. Doch viele unterirdische Trinkwasserleitungen sind überaltert, müssten dringend erneuert werden, schon um unnötige Wasserverluste zu vermeiden. Auch bilden sich in maroden Leitungen leichter Keime, weswegen manche Wasserwerke ihrem »Produkt« am Ende noch Chlor beigeben, um es zu desinfizieren. Denn die Versorgungsunternehmen, die zu drei Vierteln öffentlich-rechtlich organisiert sind, müssen einwandfreies Trinkwasser bis zur Haustür liefern. Was danach geschieht, liegt in der Verantwortung der jeweiligen Hausbesitzer, die alte Rohre nur allzu häufig länger in Gebrauch halten, als der Gesundheit dienlich ist. Wer Genaueres über die Qualität seines Trinkwassers erfahren möchte, kann eine Laboruntersuchung in Auftrag geben. Oder man macht sich selbst schlau: Viele Schulen und Umweltverbände lehren einen, diese Analysemethoden anzuwenden.

Der versteckte Verbrauch

Auch wenn wir über reichlich und gutes Wasser verfügen, sollten wir darüber nicht vergessen, dass Wasser ein kostbares Gut ist, hier genauso wie in den Trockengebieten Nordafrikas. Klingt unlogisch. Was hat unser Wasser mit Afrika zu tun? Aber: Am wenigsten Wasser verbrauchen wir direkt – zum Duschen, Baden, Zähneputzen oder Kochen. Viel mehr konsumieren wir »versteckt«, über Lebensmittel, in denen Wasser gebunden ist, oder in Produkten, für deren Herstellung Wasser nötig war. Das gilt für Orangen, Ananas, Kiwis ebenso wie für Möbel und Textilien.

70 Prozent des weltweiten Trinkwasserverbrauchs fließen in Felder und Wiesen, Plantagen und Gewächshäuser – in die Landwirtschaft also.

Viel weniger, etwa 22 Prozent, schluckt die Industrie, und nur 8 Prozent nutzen die privaten Haushalte. Zwar haben sich die Menschen, vor allem in den reichen Ländern, einen fast unverantwortlich luxuriösen Lebensstil angewöhnt: Sie duschen täglich, geben Kleider nach einmaligem Gebrauch in die Wäsche, gehen schwimmen, saunieren, sprenkeln ihre Vorgärten oder waschen ihre Autos. Dabei ließe sich einiges davon ohne Komforteinbußen eindämmen.

Viel mehr Wasser aber verbrauchen die Menschen, ohne es überhaupt zu merken. Man nennt diese indirekte Art der Wassernutzung »virtuellen Verbrauch«. Für ein Kilogramm Brot werden – von der Aussaat des Getreides bis zum Backen – etwa 1000 Liter benötigt, für ein Kilogramm Reis zwischen 3000 und 5000 Liter und für ein Kilogramm Rindfleisch satte 13 000 Liter. Sparsamer wachsen Kartoffeln, sie benötigen pro Kilo »nur« 500 Liter. In Mahlzeiten gerechnet, stecken, wie Fachleute herausgefunden haben, schon in einer Portion Reis mehr als 100 Liter »unsichtbares« Wasser und damit fast so viel wie jeder Deutsche mit seinen knapp 130 Litern am Tag im Schnitt tatsächlich und physisch verbraucht. 150 Liter

Wasser sparen Wer duscht, statt zu baden, braucht 70 Prozent weniger Wasser (und Energie). Bei einem einzigen Klogang bleiben mit einer Spartaste im Schnitt fünf Liter (schon fast ein halber Sprudelkasten) mehr im Behälter. Und wer morgens oder abends, statt mittags, seine Pflanzen gießt, spart Wasser durch geringere Verdunstung. Auch in Privathaushalten lassen sich Anreize zum Wassersparen schaffen, Südafrika hat es vorgemacht. Dort werden die Preise nach der verbrauchten Menge gestaffelt: Eine Grundmenge ist kostenlos, je mehr Wasser man aber pro Kopf nutzt, desto höher ist später die Rechnung.

Wasserexport Der virtuelle Wasserverbrauch misst nicht die tatsächlich aus dem Hahn gelaufene Menge, sondern bezieht alle indirekten Quellen mit ein, die genutzt wurden, um herzustellen, was wir gerade konsumieren. Dann vermehren sich die 130 Liter, die jeder Deutsche durchschnittlich am Tag verbraucht, plötzlich zu 4000 Liter und mehr, weil das argentinische Steak, das wir eben verspeist haben, in Südamerika Gras gefressen und Wasser getrunken hat. Auch die Schnittblumen aus Lateinamerika, der Kaffee aus Afrika und der Reis aus Asien haben für ihre jeweilige Herstellung Wasser benötigt. Diese Rechenmethode zeigt, dass Produkte oft in Gegenden hergestellt werden, in denen ohnehin Wassermangel herrscht, und in Regionen geliefert werden, in denen eigentlich ausreichend Wasser vorhanden ist. Damit vergrößert sich die Kluft zwischen Wasserarmen und Wasserreichen noch mehr.

verbergen sich im Brot für ein Sandwich, 2000 Liter in einem Kotelett, 3000 Liter in einem Hamburger und 5000 in einem saftigen Steak. Jeder Teelöffel voll Zucker, der in einen Kaffee plumpst, benötigte vorher 50 solcher Tassen Wasser für die Produktion. Das ist viel, aber gar nichts gegen den Kaffee selbst, der bei einer Tasse bereits mit 140 Litern zu Buche schlägt. Noch schlimmer ist Alkohol: Bereits ein Glas Wein zum Abendessen saugt vorher etwa 150 Liter Wasser auf.

Als Faustregel gilt: Pflanzliche Stoffe brauchen weniger als tierische. Der durchschnittliche Fleischesser und Biertrinker konsumiert etwa doppelt so viel verstecktes Wasser wie ein enthaltsamer Vegetarier. Mit anderen Worten: Wasserbewusstes Verhalten fängt beim Essen an. Orangen aus südlichen Regionen wie aus Israel zum Beispiel werden mit großem Aufwand angebaut und gern in die Europäische Union verkauft. Mit dem Export wandert jedoch, gleichsam als stiller Mitreisender, auch wertvolles Wasser nach Europa.

Das gilt übrigens nicht nur für landwirtschaftliche Produkte, sondern auch für den Tourismus, den wohl wasseraufwändigsten Wirtschaftszweig überhaupt, und für manche industrielle Fertigung, die nicht selten im Zuge der Globalisierung in Entwicklungsländer ausgelagert wurde.

Der Bedarf für die Herstellung eines Autos zum Beispiel – von der Stahlerzeugung bis zu den Kunststoff- und Gummiteilen – wird auf 400 000 Liter geschätzt. Diese hohen verdeckten Kosten nehmen wir selten zur Kenntnis, der »virtuelle Wasserverbrauch« spielt bei unseren Konsumgewohnheiten bisher kaum eine Rolle. Sollte man künftig auf Lebensmitteln außer den Inhaltsstoffen nicht auch angeben, wie viel Wasser bei der gesamten Herstellung benötigt wurde? Jeder Einzelne könnte dann wasserbewusster einkaufen und leben. Und die Beispiele zeigen auch, wie wichtig es ist, dass die Industrie das von ihr genutzte Wasser im Kreislauf führt, so wie es bereits viele Unternehmen praktizieren, die dadurch »wasserautark« geworden sind, Wasser und Kosten sparen.

Ein knappes Gut

Schon jetzt zeichnet sich ab, dass Wasser immer knapper wird. Schuld daran ist nicht nur die ungleiche Verteilung, die einige Weltregionen regelrecht verdursten lässt, sondern zur Wasserkrise tragen entscheidend ein zunehmender Verbrauch bei wirtschaftlicher Entwicklung und größerer Verstädterung sowie die steigende Weltbevölkerung bei. Die große Frage der Zukunft lautet deshalb, wie immer mehr Menschen sich die vorhandenen Reservoirs teilen können. Die Weltbevölkerung hat sich zwischen 1940 und 1990 verdoppelt, der Wasserverbrauch hingegen vervierfacht. In vielen Teilen der Welt sinkt der Grundwasserspiegel durch Übernutzung beständig. Haushalte, Industrie und Landwirtschaft entnehmen dem Oberflächenwasser mehr als die Niederschläge nachliefern. Damit steigt die Wahrscheinlichkeit, dass einige große Flüsse, etwa der Colorado, Rio Grande, Nil, Gelber Fluss und Ganges, in manchen Jahren ihr Mündungsgebiet nur noch als Rinnsal erreichen.

Mit immer stärkeren Pumpen versucht man,

Schrumpfende Seen Das United Nations Environment Programme (UNEP) hat die Entwicklung der afrikanischen Seen in den vergangenen dreißig Jahren durch Satellitenfotos dokumentiert und festgestellt: Sie schrumpfen sichtbar. Ein besonders herausstechendes Beispiel ist der für die Wasserversorgung Westafrikas wichtige Tschadsee, der von vier Ländern – Niger, Tschad, Mali und Nigeria – eingerahmt wird. Mehr und mehr Menschen siedeln um dieses bedeutende Wasserreservoir und entnehmen ihm für landwirtschaftliche und industrielle Zwecke mehr Wasser, als dem See auf natürliche Weise wieder zufließt. Ein anderes Beispiel ist der Aral-See, der zu Usbekistan gehört. Immer weniger Wasser gelangt in den Aral-See, weil seine Zuflüsse für die Bewässerung von Baumwollplantagen genutzt werden. Die Fischereiwirtschaft, die einst vom See lebte, ist inzwischen fast gänzlich zusammengebrochen, die ehemals blühende Landschaft an seinen Ufern gleicht heute einer unbewohnbaren Wüste. Beide Seen sind nur sinnfällige Beispiele einer weltweiten Entwicklung: Die Pegel sinken in fast allen dicht besiedelten Gegenden der Welt.

dem entschwindenden Wasser zu folgen, um den Kreislauf der Übernutzung nur noch weiter zu beschleunigen. Zugleich werden zunehmend jene Ökosysteme belastet, die das Lebenselixier brauchen und stets neu hervorbringen: Wälder und Weiden. Manchmal geschieht das im wirtschaftlichen Interesse, oft aus purer Not. Forst- weicht Ackerland für Nahrungsmittelexporte oder Bioenergie, Bauern schicken ihr abgemagertes Vieh auf ausgedünnte Weiden, und Arme holzen Wälder ab, um Holz zum Kochen und Heizen zu gewinnen. Dabei sind es gerade Bäume, die sicherstellen, dass Wasser und Nährstoffe erhalten bleiben.

Sowohl in Europa und in Afrika als auch in der übrigen Welt gilt: Die Umwelt zu zerstören, sie zu übernutzen, verstärkt das Problem. Wir brauchen Wälder, Feuchtgebiete, mäandernde und nicht begradigte Flussläufe – mehr Natur für Wasser, nicht mehr Wasser für Natur. Wer diesen Grundsatz nicht beherzigt, beschwört ein Wechselspiel aus Dürre- und Überschwemmungskatastrophen herauf.

Hausgemachte Katastrophen

Das Fernsehen zeigt schockierende Bilder aus Somalia, Kenia und Eritrea: Das »Horn von Afrika« wird von einer großen Dürre heimgesucht, kein grüner Halm ist mehr zu entdecken. Die in Hitze und Staub erstarrten Straßen sind von Tierkadavern gesäumt, von verdursteten und verhungerten Kühen und Ziegen. Auch Menschen werden Opfer dieses Dramas, vor allem Kinder. Verzweifelt kämpfen die Helfer gegen den Tod. Am gleichen Abend erreichen uns die Nachrichten von einer neuen Jahrhundertflut an der Elbe, von Rekordniederschlägen und Überschwemmungen, bei denen Menschen ihr Hab und Gut verlieren. Von Naturkatastrophen wird gesprochen. Doch sowohl am Horn von Afrika als auch in den Überschwemmungsgebieten Europas, bei den gewaltigen Überflutungen in China und anderswo, haben menschliche Eingriffe diese »Naturkatastrophen« kräftig verstärkt.

Deutsche Ingenieure haben vor mehr als hundert Jahren entscheidend zu einem System der Wasserversorgung beigetragen – und dabei auch gravierende Fehler gemacht. In den letzten Jahren des 19. Jahrhunderts hat der große Ingenieur Johann Gottfried Tulla den Rhein zwischen Basel und Bingen begradigt und ihn um rund 80 Kilometer verkürzt. Die Menschen dankten es ihm – in den hessischen und rheinland-pfälzischen Rheinstädten tragen Denkmäler und Straßen seinen Namen. Denn viel Land wurde gewonnen für die Landwirtschaft, für die Städte und ihre Entwicklung, der Schiffsverkehr wurde kürzer und schneller, die Attraktivität des Flusses als Standort für die Industrie größer. Bald aber zeigte sich, dass man gegen die alte Bauernweisheit verstoßen hatte, wonach man nicht »pfennigweise klug« und »talerweise dumm« sein sollte. Denn die Begradigung des Rheins, das Durchschneiden seiner Schleifen, hat einen hohen Preis: Nach Niederschlägen fließt das Wasser schneller ab. Die Auenwälder, die viel Wasser speicherten, sind verschwunden. Böden wurden versiegelt, Flurbereinigungen vorgenommen, Feuchtgebiete,

Baumgruppen und Wäldchen, alles wurde aus dem Weg geräumt, was einer maschinengerechten Bearbeitung dieser Flächen entgegenstand. Damit aber sind auch alle Landschaftselemente verschwunden, die früher das Wasser zurückgehalten und dem Regenwasser Zeit gegeben haben, in das Grundwasser zu gelangen. Zahl und Ausmaß der Überschwemmungen, von denen wir inzwischen fast jedes Jahr hören, sind somit auch hausgemacht.

Der Rhein ist nur ein Beispiel. Vergleichbare Eingriffe in die Natur von Gewässern, von Flussläufen finden sich weltweit. In Kenia sind die Wälder fast verschwunden, die früher das Wasser und damit auch den Boden gehalten haben und der Natur in trockenen Zeiten auf vielfältige Weise, auch durch Tau, Wasser zur Verfügung stellten. Das Bevölkerungswachstum von sechs auf dreißig Millionen in nur vier Jahrzehnten hat den Druck auf die Natur erhöht: Landwirtschaftlich nutzbare Flächen wurden gebraucht ebenso wie Wiesen und Weiden für die zunehmende Tierhaltung. Die Folge sind Versteppungen, Flurbereinigungen, Überweidung, Bodenerosionen. Für die oft sehr kräftigen, fast tropischen Niederschläge in dieser Region gibt es kein Halten mehr. Gewaltige Überschwemmungen und große Trockenheiten wechseln sich ab.

Gifte, Müll und Dreck

Die zunehmende Verschmutzung des Oberflächen- und Grundwassers verschärft die Wasserkrise zusätzlich. Zu den Umweltsündern zählen Düngemittel, tierische und menschliche Exkremente, Salze, ungeklärte Abwasser, Giftmüll, chemische Rückstände, einschließlich Waschmittel und nicht mehr nutzbarer Medikamente und manches mehr. Besonders chemische Stoffe aller Art und Schwermetalle können das Wasser ganzer Flussläufe und Grundwasserreservoire über lange Zeit unbrauchbar machen.

In vielen Teilen der Welt hat die Belastung der Fließgewässer in den vergangenen 200 Jahren so stark zugenommen, dass die Selbstreinigungskraft der Flüsse überfordert ist. Fachleute nehmen an, dass täglich zwei Millionen Tonnen Müll in Gewässer gekippt wird. Die Hälfte aller Flüsse gilt inzwischen als erheblich verschmutzt und mit Schadstoffen belastet. Investitionen ins »Wasser-Recycling«, also vor allem in leistungsfähige Kläranlangen, könnten das verfügbare Wasser wesentlich vermehren.

In Asien leben die meisten Menschen, die ohne ausreichend sauberes Wasser auskommen müssen. Allein in China und Indien gelangen die Abwässer von mehr als 1,5 Milliarden Menschen ungefiltert in die Umwelt. In 90 Prozent aller chinesischen Städte, so berichtet selbst die staatsnahe Xinua-Nachrichtenagentur, ist das Grundwasser verschmutzt. Die He-

rausforderungen sind enorm. In der Wachstumsmetropole Shanghai leben 17 Millionen Menschen – und jährlich steigt die Bevölkerung mindestens um eine weitere halbe Million. Da wird es immer schwieriger, ausreichend unbelastetes Wasser zu beschaffen. Aber auch in Managua, der Hauptstadt Nicaraguas, stinkt es nach Fäkalien, weil Exkremente ohne jede Reinigung in den Managua-See geleitet werden. Wie überhaupt viel zu viel Abwasser ungeklärt in Flüsse, Seen oder ins Meer gelangt, nach manchen Schätzungen in den urbanen Zentren der Entwicklungsländer bis zu 90 Prozent. Fest steht jedenfalls, dass häufig selbst einfache Klärsysteme nicht zur Verfügung stehen, von moderner Technologie ganz zu schweigen.

Mehr Wassereffizienz

Der insgesamt viel zu unachtsame Umgang mit der knappen Ressource Wasser hat gravierende Folgen – und sie werden nach allen wissenschaftlichen Prognosen künftig noch dramatischer, wenn nicht bald entschlossen gehandelt wird. Schon jetzt nämlich sterben täglich 5000 Menschen, vor allem Kinder unter fünf Jahren, an Durchfallkrankheiten oder an Vergiftungen, weil sie mit verschmutztem Wasser in Berührung kamen. Denn jeder sechste Mensch hat keinen Zugang zu sauberem Wasser,

Mangelndes Bewusstsein Industrielle Gesellschaften sind anfänglich vor allem dort entstanden, wo es Wasser in Hülle und Fülle gab – in Europa und Nordamerika. Wasser galt als kostenloser oder sehr billiger Produktionsfaktor. Die Folge: Wassersparende Technologien wurden nicht nachgefragt und daher nicht entwickelt. Dabei ginge es auch anders. Warum müssen wir unsere Toiletten mit viel Wasser spülen, das dann über weit verzweigte Kanalsysteme in Kläranlagen geleitet und dort mit großem Energie- und Kapitalaufwand wieder gereinigt wird? Wo Wasser knapp oder teuer ist, etwa in Flugzeugen, funktioniert derselbe Vorgang überwiegend mit Druckluft. Und das ist nur ein Beispiel für alternative Techniken. Andere, vor allem für Landwirtschaft und Industrie in wasserarmen Regionen, müssten erst erfunden werden.

jeder dritte muss seine Notdurft ohne Toilette verrichten, seinen Körper ohne Waschbecken reinigen. Nicht ohne Grund hat die Generalversammlung der Vereinten Nationen bereits zum Jahrtausendwechsel beschlossen, diesen Missstand beheben zu wollen und bis zum Jahr 2015 deutlich mehr Menschen mit Latrinen und unbedenklichem Trinkwasser zu versorgen. Bisher allerdings liegt das Ziel noch in weiter Ferne. Bei unveränderter Lage, so haben die UN ebenfalls errechnet, wird im Jahr 2050 wahrscheinlich ein Viertel der Menschheit (dann etwa 2,2 Milliarden) unter chronischem oder wiederkehrendem Süßwassermangel leiden. Keine schöne Aussicht, vor allem keine, auf die man tatenlos weiter zusteuern sollte.

Ein großes Einsparpotential – auf 50 Prozent geschätzt – liegt in der Landwirtschaft, die mehr als zwei Drittel des derzeit verbrauchten Trinkwassers schluckt. Inzwischen entsteht die Hälfte aller Lebensmittel mit Hilfe künstlicher Bewässerung. Darauf kann man bei sechs, acht und irgendwann neun Milliarden Menschen keinesfalls verzichten, aber die Systeme müssten ausgereifter sein und wirksamer funktionieren. Viele Wasser sparende Techniken sind bekannt: Die Tropfenbewässerung (drip irrigation) bringt jeden Tropfen Wasser direkt zu den Wurzeln der Pflanzen und nutzt den Rohstoff damit sehr viel effizienter. Auch die Möglichkeit des Regenwassersammelns ist noch lange nicht ausgeschöpft. »More crop per drop« (mehr Ertrag je Tropfen) lautet ein Slogan der Vereinten Nationen, mit dem die Agrarwirtschaft zu einem bewussteren Umgang mit der Ressource Wasser und zum Einsatz intelligenter Bewässerungssysteme aufgefordert wird.

Die Wasserkrise ist neben der eigentlichen Versorgungs-, vor allem eine Management-, Wartungs- und Investitionskrise. Bessere Leitungs-

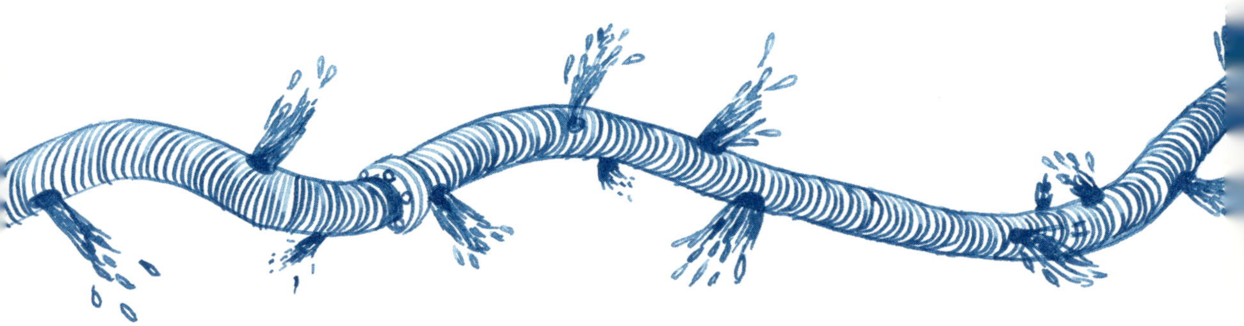

Defekte Rohre Ein Großteil des kostbaren Nass erreicht den Verbraucher erst gar nicht, sondern rinnt davon durch defekte Rohre. Selbst in Deutschland sind das etwa 8 Prozent, in Italien 27 und in Großbritannien 29 Prozent. In der Millionenstadt Nairobi, deren Bevölkerung jährlich um 5 Prozent zunimmt, geht mehr als die Hälfte des Wassers in den Verteilungsnetzen verloren – durch Leckagen, durch Wasserdiebstahl, durch falsche technische Einrichtungen. Und Nairobi ist kein Einzelfall, alle afrikanischen Großstädte weisen ähnliche Verluste auf. Angesichts der allgemeinen Wasserknappheit sind solche Ausfälle nicht nur ärgerlich, sie können auch die Qualität des Trinkwassers beeinträchtigen. Sie vergrößern die Gefahr, dass Fremdwasser von außen in die Leitungen eindringt und das Trinkwasser verschmutzt

systeme, verstärktes Recycling, mehr Klärwerke könnten den Mangel entscheidend abmildern helfen. Doch dazu müsste viel mehr Geld als bisher investiert werden. Zwischen 30 und 50 Milliarden Dollar, so haben die UN errechnet, wären pro Jahr nötig, um den Wassersektor weltweit auszubauen und zu modernisieren – das ist deutlich mehr als bisher investiert wird. Nicht immer ist gleich ein Großprojekt, ein Damm oder Kanal vonnöten, manchmal genügen auch schon kleine Lösungen: lokale Wasserspeicher oder Tretpumpen. In jedem Fall aber lautet die Maxime: Mehr Wassereffizienz, denn sonst wird unsere Erde schlicht überfordert sein, eine wachsende Weltbevölkerung zu versorgen.

Und dann drohen Konflikte um das knapper werdende Gut, um das »blaue Gold«, besonders im Nahen und Mittleren Osten, in dem überwiegend wüstenhaftes Klima herrscht, geringe Niederschläge, sinkende Grundwasserspiegel und ein hohes Bevölkerungswachstum verzeichnet werden. Das Wasser des Jordan ist unter seinen Anwohnern genauso begehrt und umstritten wie jenes des Nil. Auch in Asien, vor allem zwischen Indien und Bangladesch, sind Wasserkonflikte keineswegs unbekannt oder auszuschließen. Für solche Regionen empfiehlt sich ein »Frühwarnsystem Wasser«, damit wir nicht tatenlos zusehen, bis wirklich Konflikte, möglicherweise sogar Kriege um Wasser ausbrechen, die man anschlie-

Kampf ums Wasser Der Jordan ist trotz seines biblischen Ruhmes mit etwa 230 Kilometer Luftlinienlänge ein eher kleiner, aber begehrter Fluss. Er durchquert den Libanon, Syrien, Jordanien, Israel und die autonomen palästinensischen Gebiete. Vor allem für die letzten beiden Anrainer sind die Fluten des Jordan seit vielen Jahren ein Quell heftigen Streits. Israel, so lautet der Vorwurf der Gegenseite, entnehme dem Fluss so viel Wasser, dass für die Palästinenser nicht mehr genug übrig bleibe. Endgültige Friedensverhandlungen für den Nahen Osten werden deshalb auch die Wasserfrage zum Gegenstand haben müssen.

ßend durch die Entsendung von »Blauhelmen« wieder schlichten müsste. Sinnvoller wäre es, rechtzeitig »Grünhelme« in solche Gebiete zu entsenden, um ein »Integriertes Management der Ressource Wasser« – so nennen das Fachleute – einzuleiten. So könnten Investitionen in die Wasserversorgung mit allen Anrainern abgestimmt und eine gemeinsame Nutzung gewährleistet werden. Der Klimawandel und seine Folgen für den Wasserkreislauf werden solche grenzüberschreitend abgestimmte Wassernutzung künftig noch dringlicher machen.

Auch in Europa stimmen nationale mit geografischen Grenzen fast nie überein, sodass die meisten Flüsse bei ihrer Reise zum Meer gleich eine ganze Reihe von Ländern passieren. Die Donau durchfließt nach Deutschland und Österreich acht weitere Staaten, ehe sie ins Schwarze Meer mündet. Der Rhein entspringt in der Schweiz, durchquert Deutschland und Frankreich und fließt von den Niederlanden aus schließlich in die Nordsee. Im Laufe von Jahrzehnten ist für das Einzugsgebiet dieses Flusses ein Netz von Abkommen ausgehandelt worden, in das alle Anrainerstaaten eingebunden sind. Davon profitieren die angrenzenden Staaten, und im Fall etwaiger Konflikte gibt es vertragliche Grundlagen, um sie friedlich zu regeln.

Immerhin 145 Staaten, so haben Wissenschaftler errechnet, teilen sich Fluss- und Wasserläufe. Doch bisher hat es zum Glück keine der befürchteten großen Auseinandersetzungen ums Wasser gegeben. Zwar sind die Konflikte darum so alt wie die Menschheit selbst. Mal waren es vergiftete Quellen, dann wieder zugeschüttete Brunnen oder – später – bombardierte Staudämme. Aber das Wasser war bisher selten Grund oder Auslöser für Gewaltanwendung, sondern wurde von den Kriegstreibenden eher als Waffe eingesetzt, um den Gegner zu schwächen. Und im letzten halben Jahrhundert wurden die meisten Auseinandersetzungen darum gütlich geregelt, führten im Gegenteil – wie beim Rhein – zu verstärkter internationaler Zusammenarbeit. Ein vor nicht allzu langer Zeit vom United Nations Environment Programme veröffentlichter Wasseratlas zeigt jedenfalls, wie dicht das System von Verträgen und Abkommen weltweit inzwischen ist: Etwa 280 »waterbodies«, also Flussläufe oder Grundwasserseen, wurden daraufhin untersucht, inwieweit dabei Konventionen oder andere Absprachen für die Wassernutzung beachtet und angenommen wurden.

Damit dieser Grundstoff des Lebens weiterhin ein eher verbindendes, denn spaltendes Element bleibt, sollte der sparsame, kluge und effiziente Einsatz zum obersten Gebot erhoben werden – nicht nur dort, wo der Mangel offensichtlich ist, sondern auch bei uns, die wir mit ausreichend Seen und Flüssen ausgestattet sind. Denn: Wasser ist durch nichts zu ersetzen und deswegen unermesslich wertvoll.

Die Lungen der Welt

Vor 1500 Jahren hätte eine Luftbildaufnahme von Europa hauptsächlich eines gezeigt: dichten Wald. Die Satellitenfotos von heute dagegen bilden überwiegend Städte, Straßen und Felder ab. Wälder sind in Deutschland nur noch zu etwa einem Drittel zu sehen. Holz war lange Zeit der Rohstoff schlechthin. Man nutzte mehr davon als in den heimischen Wäldern nachwachsen konnte. Dieser Trend ist zum Glück gestoppt. In Westeuropa schrumpft der Waldbestand nicht weiter, sondern steigt im Gegenteil wieder. Doch global gesehen vermindert sich die Waldfläche jährlich um ein Gebiet von der Größe Bayerns, hauptsächlich in den Tropen und in Sibirien. Und das ist bedenklich, weil Wälder wichtige Schutzfunktionen übernehmen: Sie speichern Kohlendioxid und Wasser, stabilisieren die Erdkrume, bieten Lebensraum für eine phantastische Artenvielfalt und sichern die Existenz von Menschen. Ihr Schutz ist deshalb unser aller Aufgabe.

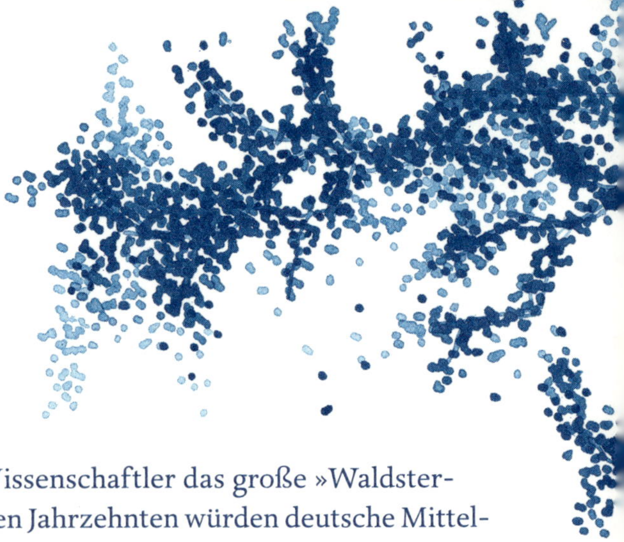

Vor 25 Jahren sagten Wissenschaftler das große »Waldsterben« voraus; in wenigen Jahrzehnten würden deutsche Mittelgebirgszüge baumlos und kahl in der Landschaft stehen. Selbst in Frankreich, wo man die deutschen Umwelt-Sorgen in der Regel übertrieben findet, verbreitete sich bald der Begriff »le waldsterben«. Um gegen das grüne Siechtum zu protestieren und die verantwortlichen Politiker zu raschem Handeln zu bewegen, zogen alarmierte Bürger zu Tausenden auf die Straßen. Die wissenschaftlichen Analysen waren eindeutig: Das Verbrennen von Kohle, Mineralöl und Gas setzte neben dem Klimagas CO_2 auch Schwefeldioxid (SO_2) und Stickoxide (NO_x) frei, die den Regen saurer werden lassen – mit drastischen Konsequenzen für Boden und Bäume. Gut zwei Jahrzehnte später steht der Wald immer noch; es gibt sie nicht, die »glatzigen Bergkuppen« und massenweise abgestorbenen Forstflächen. Aber herrscht deshalb schon friedliche Ruhe im Wald?

Die gute Nachricht lautet: Es wurde einiges unternommen. Der Forstbestand in Westeuropa steigt. Auch achtet man in Deutschland zunehmend auf nachhaltige Bewirtschaftung, dem Wald darf nur entnommen werden, was wieder nachwächst. Rauchgasentschwefelungsanlagen sind in Kraftwerken verbindlich vorgeschrieben, wodurch sich der Schwefeldioxidgehalt im Regen und damit die Versauerung der Böden verminderte. Der Drei-Wege-Katalysator für Autos, der bei uns, aber auch in allen Industriestaaten und in einer zunehmenden Zahl von Entwicklungsländern gesetzlich vorgeschrieben ist, trug entscheidend dazu bei, den Ausstoß an Stickoxiden zu senken. Das alles war möglich, weil wissenschaftliche Erkenntnisse und erzürnte Bürger Politiker zum Eingreifen veranlasst hatten.

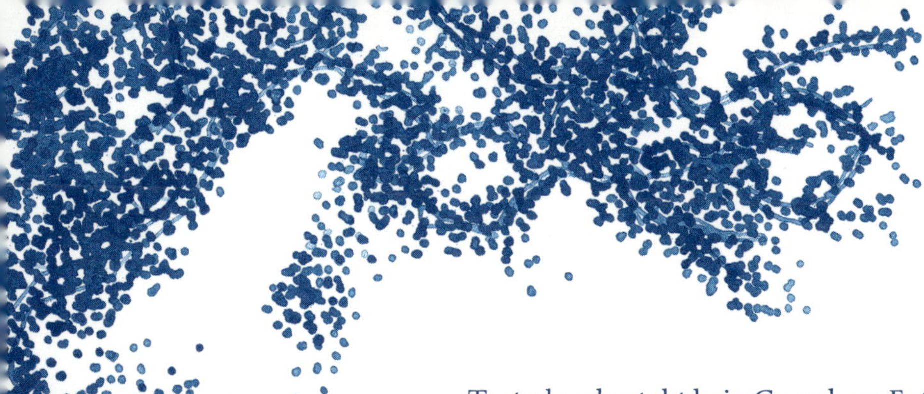

Trotzdem besteht kein Grund zur Entwarnung. Denn um die Gesundheit der Wälder ist es leider immer noch nicht zum Besten bestellt: Nach Angaben des Bundeslandwirtschaftsministeriums ist in Deutschland knapp ein Drittel aller Bäume deutlich geschädigt. Sie verlieren Nadeln oder Blätter, ihre Kronen zeigen lichte Stellen. Am meisten leidet die deutsche Eiche, jede zweite weist Schäden auf. Es folgen Buche, Fichte und mit weitem Abstand Kiefer.

Kränkelt die Eiche, rollen sich die Blätter ein, ihre Früchte, die Eicheln,

Deutschlands Wald in Zahlen Etwa ein Drittel der Bundesrepublik ist mit Wald bedeckt, – mit steigender Tendenz. Das waldreichste Bundesland ist Hessen. Es folgen Rheinland-Pfalz, Saarland, Baden-Württemberg und Bayern. Am unteren Ende der Skala steht Schleswig-Holstein, dessen Oberfläche nur zu zehn Prozent aus Wäldern besteht. Zu den bekanntesten und größten deutschen Gebieten gehören der Pfälzer Wald, der Bayerische Wald, der Schwarzwald, der Spessart, der Hunsrück, der Taunus und der Harz. Nahezu die Hälfte davon befindet sich in privatem Besitz, der Rest gehört dem Staat oder einzelnen Kommunen. Am häufigsten trifft man Fichten und andere Nadelbäume an (35 Prozent); es folgen Buchen und andere Laubbäume (25 Prozent), Kiefern und Lärchen (21 Prozent) und Eichen. Letztere können hunderte von Jahren alt werden, sie leben hierzulande im Schnitt jedoch nur 150 Jahre. Ähnliches gilt für fast alle Baumarten, etwa die Kiefer, die 600 Jahre überdauern könnte, aber meist schon nach 100 bis 120 Jahren gefällt wird. Der Wald wird übrigens erst zum Wald, wenn sich dort ein »Waldinnenklima«, wie Fachleute es nennen, hat bilden können, das Lebensraum für Tiere und Pflanzen bietet. Drei nebeneinander stehende Bäume genügen dafür jedenfalls nicht.

fallen ab, ihre Lebensdauer verkürzt sich, im Extremfall stirbt sie ab. Luftverschmutzung ist ein Grund, genetische Veränderung könnte ein anderer sein: Warum die Eiche so stark leidet, wissen Fachleute nicht genau zu sagen. Dabei symbolisiert gerade sie mehr als jeder andere Baum Kraft und Standhaftigkeit. Die Eiche überdauert bis zu dreißig Generationen, heißt es. Eichenzweige sind auf dem deutschen Eins-, Zwei- und Fünf-Cent-Stück abgebildet, sie zieren Rang- oder Ehrenabzeichen, Eicheln finden sich auf vielen Wappen.

Die Ursachen für das Erkranken der Bäume sind vor allem auf die Belastung der Luft zurückzuführen – aber nicht allein. Großen Einfluss übt auch die Witterung aus; Hitze und Trockenheit setzen dem Forst zu; der Klimawandel wird die Wälder in Deutschland, Europa, in der ganzen Welt erheblich verändern. Schädlinge wie Pilze oder Insekten greifen die Bäume an, aber auch Stoffe wie Schwefel, Stickstoff oder Schwermetalle, die der Mensch in den Wald hineinträgt. Meistens beeinflussen sich diese Faktoren gegenseitig. Hohe Temperaturen steigern zum Beispiel die Anfälligkeit gegenüber gefräßigen Insekten oder verschmutzter Luft. Umgekehrt kann gutes Wetter mit ausreichend Regen und Sonne viel zur Genesung der Bäume beitragen.

Wenn aber ein Drittel des Waldes krank ist – egal, aus welchem Grund –, stirbt er dann also doch? Nicht unbedingt. Der völlig gesunde Wald ist eine Illusion. Wo er lebt, kränkelt er. Dass die Krankheiten nicht lebensbedrohlich werden, dafür gilt es zu sorgen – heute genauso wie morgen, in Deutschland und anderswo.

Löchrig wie ein Schweizer Käse

Viel gefährdeter sind die Wälder in anderen Regionen der Erde. Insgesamt nimmt die Fläche weiter ab – jedes Jahr um ein Gebiet, das etwa der Größe Bayerns entspricht, auch wenn sich dieser Prozess in den letzten Jahren verlangsamt hat. Dass der Waldverlust weltweit gerechnet nicht mehr so groß ist wie in früheren Jahren, hat in erster Linie mit vermehrter Aufforstung in Europa und in Teilen Asiens – vor allem in China – zu tun, weniger mit einem schonenderen Holzeinschlag.

Vor allem in Südamerika und Afrika, aber auch in Asien – etwa in Indonesien und Sibirien – geht der Raubbau an der Natur unvermindert weiter. Manche Studien bezeichnen den tropischen Regenwald des Amazonas, die größte zusammenhängende Waldfläche der Erde, schon als »Schweizer Käse«, weil der Mensch inzwischen so viele Löcher hineingebohrt oder herausgesägt hat.

Auch auf den Philippinen waren früher sechzig Prozent des Landes mit Bäumen bedeckt, heute sind es weniger als zehn. Die einst ausgedehnten natürlichen Wälder sind auf kleine Reste geschrumpft, das Tropenholz fand in den Industriestaaten stets begehrliche Abnehmer. Wo früher Regenwälder standen, ziehen sich heute endlos Kokosplantagen hin. Die Philippinen haben den Wald geopfert, um zum führenden Produzenten von Kokosöl aufzusteigen. Eine vergleichbare Entwicklung erleben wir gegenwärtig in Malaysia und Indonesien. Dort explodiert die Fläche geradezu, die für Palmölerzeugung aus den Regenwäldern herausgeschlagen wird. Der Hintergrund: Palmöl wird für die Herstellung von Biokraftstoffen genutzt. Der Kon-

flikt zwischen dem Erhalt des Waldes und der auf ihn angewiesenen Artenvielfalt einerseits und der Erzeugung CO_2-freier Energie wird an diesem Beispiel besonders deutlich.

Außerdem werden die Wälder in vielen Entwicklungsländern noch durch die Lebensbedürfnisse ihrer Anwohner geplündert. Die meisten Einheimischen kochen mit Holz, auch die Philippinos bereiten ihre Mahlzeiten auf offenen Feuern zu. Dadurch ist der Brennholzbedarf enorm und belastet die Wälder, oder was davon übrig geblieben ist, noch zusätzlich. Solche Gewohnheiten sind nicht etwa Mutwilligkeit geschuldet, sondern dem Mangel – weil moderne Energiequellen nicht zur Verfügung stehen. Mehr als zwei Milliarden Menschen sind auf Biomasse als einzigen Energieträger angewiesen. Sie kochen und heizen mit Holz, Ernteresten, Abfällen oder Dung und gefährden dabei auch noch ihre Gesundheit. Allein in Indien sterben bis zu zwei Millionen Menschen vorzeitig wegen hoher Rußbelastung in Innenräumen. Würde man die Biomasse, statt sie direkt zu verbrennen, in Gas verwandeln, hätte sie einen wesentlich höheren Wirkungsgrad und könnte ohne Gefahr für die Gesundheit genutzt werden. Effizientere Herde und Öfen können kleine Wunder bewirken, aber man muss sie den Menschen zur Verfügung stellen oder ihnen Zugang zu sauberen Energiequellen verschaffen. Andernfalls nutzen sie weiter die Wälder ihrer Umgebung – es bleibt ihnen gar nichts anderes übrig.

Für Raubbau, wie er auf den Philippinen betrieben und durch die ständig steigende Holznachfrage aus den hoch entwickelten Ländern mit oft illegalen Methoden erst noch befördert wird, rächt sich die Natur später wieder. Auf der philippinischen Insel Leyte wurde im Februar 2006 ein ganzes Dorf von einem gewaltigen Erdrutsch verschüttet, der mehr als 1000 Menschen unter sich begrub. »Es klang, als ob der Berg explodierte«, beschrieb ein Über-

Begehrt und bedrängt Tropenhölzer wie Mahagoni, Teak, Bangossi, Abachi oder Ebenholz sind seit Jahrhunderten begehrte Rohstoffe, da sie ansprechende Farben und lebhafte Maserungen aufweisen. Außerdem zeichnen sie sich häufig durch günstige Eigenschaften für die Bearbeitung und höhere Beständigkeit gegen Witterung oder Insektenbefall aus. Dabei ist der Begriff »Tropenhölzer« eigentlich eher unspezifisch. In der Regel wird damit einfach die Herkunft – aus tropischen Gefilden – beschrieben, ohne dass die Baumsorte schon genauer definiert wäre. Tropenhölzer werden bevorzugt für Möbel verwendet, aber auch für Treppen, Türen, Fußböden, Fensterrahmen, Zaunpfähle, Frühstücksbrettchen, ja sogar für Särge oder Toilettensitze. Fast immer ließen sie sich durch heimische Holzsorten ersetzen und könnten einem Teil des bedrängten Waldes damit einige zusätzliche Lebensjahre ermöglichen. Doch gilt Tropenholz als edel und als sichtbares Zeichen von Wohlstand. Damit die tropischen Wälder behutsamer genutzt werden, müssen sie für die einheimische Bevölkerung wertvoller werden, ihr selbst mehr Einkommensmöglichkeiten verschaffen. Wenn die Rohware, also die Baumstämme, nicht ausschließlich exportiert, sondern das Holz in den Ursprungsländern gleich weiter verarbeitet würde, entstünden Arbeitsplätze an Ort und Stelle.

lebender die Katastrophe. Tatsächlich aber kam der Druck nicht aus dem Inneren der Erde, sondern das Fiasko spielte sich draußen, an der Oberfläche ab. Der Boden hatte sich nach tagelangen Regenfällen so mit Wasser vollgesogen, dass er irgendwann als Schlammlawine abrutschte. Bäume, die den Schlamm hätten aufhalten können, hatte man flächendeckend abgerodet und damit jeden Schutz vor Erosion vernichtet. Die anschließenden Rettungsarbeiten gestalteten sich extrem schwierig, weil neue, kleinere Erdrutsche drohten und der Boden zu weich für schweres Gerät war. Die Behörden rieten den Helfern schließlich, mit den Händen nach Opfern zu graben. Zu spät: Die meisten Verschütteten starben. Und schon jetzt ist klar: Auf den Philippinen werden noch mehr Hänge rutschen, weil das Abholzen weitergeht, wenn nicht rasch gegengesteuert wird, zum Beispiel durch große Wiederaufforstungsprogramme.

Vom dichten zum lichten Wald

Auch in Europa deckten die Menschen sehr lange ihren Energiebedarf aus dem Wald. Mehr noch, sie bauten Häuser und Möbel aus Holz, stellten ihre Werkzeuge damit her und fertigten daraus ihre Transportmittel, wie Karren und Wagen oder Boote und Schiffe. Holz galt lange als Grundstoff des Lebens – und als endlos verfügbar. Mittel- und Westeuropa waren jahrhundertelang mit dichten Wäldern bedeckt. Seither hat der Mensch sie für seine Zwecke heftig gelichtet. Schon der antike Schiffsbau schädigte die Wälder im Mittelmeerraum dauerhaft.

Heute besteht Deutschland nur noch zu einem Drittel aus Wald. Interessanterweise bildet es damit den Zustand auf der Welt insgesamt recht genau ab, 30 Prozent der Landfläche sind bewaldet. Der größte Teil davon – etwa zwei Drittel – befindet sich in zehn Ländern: Australien, Brasilien,

Ausbeutung der Wälder Das zweitgrößte Waldgebiet nach dem Amazonas ist das Kongobecken. Die ständigen Bürgerkriege, welche die Republik Kongo seit langer Zeit – drei allein in den neunziger Jahren – plagen, haben auch mit den Naturschätzen des Landes zu tun. Mehr als die Hälfte seiner Fläche besteht aus dichtem, tropischem Regelwald. Dazu kommen umfangreiche Lagerstätten wertvoller Ressourcen, von Erdöl über Kupfer bis zu Coltan – Letzteres ist ein Erz, das besonders in Mobiltelefonen eingesetzt wird. Dieser Raubbau, durch hohe Coltan-Preise noch zusätzlich angetrieben, hat weitreichende Folgen für das Kongobecken. Wälder und Bodenschätze müssten der Bevölkerung eigentlich eine ausreichende Lebensgrundlage sichern. Stattdessen grassieren Massenarbeitslosigkeit und Armut. Warum? Weil die wertvollen Holz- und Rohstoffreserven von Ausländern rücksichtslos geplündert werden – ohne den Profit mit den Einheimischen zu teilen.

China, Indien, Indonesien, Kanada, Kongo, Peru, Russland und in den Vereinigten Staaten.

Die ausgedehntesten Gebiete der Erde sind die tropischen Regenwälder um den Äquator und die Wälder der kalten bis gemäßigten Gebiete der Nordhalbkugel, die man boreal nennt. Bei ersteren handelt es sich um sehr artenreiche, naturbelassene Wälder in einem feucht-heißen Klima. Letztere liegen in kühlen bis kalten Klimazonen und bestehen überwiegend aus Nadelbäumen. In Deutschland – wie in fast ganz Europa und vielen Industriestaaten des Nordens – gibt es so gut wie keinen ursprünglichen Wald mehr. Hierzulande ist die meiste Fläche mit Nadelbäumen bedeckt, da Fichten lange Zeit die höchsten Erträge abwarfen. Nur knapp zehn Prozent gelten in Deutschland als »mehrschichtig«, als Wälder, die aus verschiedenen Bäumen unterschiedlichen Alters und unterschiedlicher Höhe zusammengesetzt sind. Von dem Urwald, der ursprünglich die Erde begrünt hatte, ist nur noch ein kleiner Teil geblieben, vor allem in Russland, Kanada, Südamerika, im Kongo und in Teilen Asiens.

Gesetzloser Raubbau

Gründe für das Waldschrumpfen gibt es viele. Holz, vor allem Tropenholz, ist in den reichen Staaten des Nordens trotz aller Aufklärung und Boykottaufrufe auch weiterhin für Möbel und für den Innenausbau begehrt. Oft genug werden die Hölzer illegal gewonnen. Der World Wide Fund for Nature (WWF) hält das gesetzlose Räubern der Wälder inzwischen für deren größte Gefahr. Ob in dem gewaltigen Amazonasbecken, an dem viele Länder Südamerikas einen Anteil haben, ob in den Regenwäldern Brasiliens und Indonesiens oder im Fernen Osten Russlands, ein beträchtlicher Teil des Holzes wird ohne Genehmigung geschlagen – ein klarer Verstoß gegen nationale oder internationale Vorgaben. In Russland, dem Land mit der drittgrößten Urwaldfläche, trifft das nach WWF-Angaben auf nahezu die Hälfte des Holzes zu, in Indonesien auf Dreiviertel, und in Südamerika liegt der Anteil in einzelnen Gebieten sogar bei bis zu 80 Prozent. Geliefert wird das Holz von einer kleinen Zahl international tätiger Firmen, die von unzureichenden Gesetzen profitierten.

Leider lässt sich illegal geerntetes Holz, ist es erst einmal in den Handelskreislauf gelangt, kaum mehr identifizieren. Abhilfe sollen eine Zertifizierung der Bestände und eine Kennzeichnung des Holzes vom Ursprung bis zum Endprodukt schaffen. Der »Forest Stewartship Council« (FSC) zum Beispiel, ein Zusammenschluss internationaler Umweltverbände und anderer gesellschaftlicher Gruppen, stellt entsprechende Zertifikate aus, indem er den Lebenslauf eines Baumes von Anfang bis Ende verfolgt. Leider interessieren sich in Europa noch zu wenige Konsumenten für diese Unbedenklichkeitsbescheinigungen, und in anderen Gegenden der Welt sind sie praktisch bedeutungslos. Damit sich das ändert und die Verbraucher beim

Kämpfer für den Regenwald Umweltschützer, die sich für den Erhalt des Regenwaldes stark machen, leben gefährlich. Sie werden bedroht und eingeschüchtert, viele müssen ihren engagierten Einsatz am Ende sogar mit dem Leben bezahlen. So zum Beispiel Dioniso Julio Ribeiro, ein prominenter brasilianischer Kämpfer gegen Wilderer und illegale Holzfäller, der schon mehrfach mit dem Tod bedroht worden war, bis er im Februar 2005 in der Nähe von Rio de Janeiro durch einen Kopfschuss brutal ermordet wurde. Ein Jäger habe ihn aus Wut über seinen Einsatz für den Regenwald umgebracht, teilte die Polizei später mit. Ob der Täter im Auftrag handelte, blieb ungewiss. Morde an Umweltschützern sind keine Seltenheit – nicht nur in Brasilien.

Kauf von Holzprodukten mehr auf deren Herkunft und Herstellung achten lernen, sollten die Regierungen mit gutem Beispiel vorangehen.

Dann wiederum muss Wald weichen, weil Wohnraum, Weideland oder Ackerflächen für den Anbau von Nahrungsmitteln benötigt werden. Manchmal entstehen auf solchen abgeholzten Flächen Monokulturen für den Export, Kokosöl auf den Philippinen und in Indonesien oder Soja in Brasilien, der europäischen Schweine- und Rinderbetrieben als Futtermittel dient. Auch in Kenia sind die Waldflächen zugunsten einer Ausweitung der Landwirtschaft drastisch geschrumpft und zerstört, nachdem in den vergangenen fünf Jahrzehnten die Zahl der Einwohner von geschätzten sechs auf mehr als dreißig Millionen gestiegen war. Erschwerend hinzu kommt die illegale Herstellung von Holzkohle, unter anderem für den Export.

Dem Wohlergehen der Wälder nicht zuträglich ist zudem ein völlig ungerechtes Zollsystem: Wird ein unbearbeiteter Baumstamm exportiert, entfallen Importzölle. Je weiter aber der Stamm im Ursprungsland verarbeitet wird, desto höher steigen die Zölle beim Verkauf in ein Industrieland. Das gilt zum Beispiel für Furniere oder Möbel und hat zur Folge, dass Holz meist als Rohstoff in den Export gelangt. Zum Schrank oder Klavier wird es erst in den entwickelten Ländern. Dort entstehen dann hochwertige Ar-

Im Dschungel der Zertifikate Nicht immer verspricht ein Siegel die gewünschte Qualität. Gerade im Holzsektor sind verschiedene Labels verbreitet, die keineswegs alle nachhaltige Waldwirtschaft garantieren. Das Signet »umweltfreundliches Plantagenholz« etwa klingt, als müssten dafür keine Tropenwälder sterben. Tatsächlich aber standen meist Urwälder, wo sich heute Plantagen befinden. Selbst wenn diese umweltgerecht gezogen und gehalten werden, bleibt die Vorstufe dazu ausgeblendet. Es gibt nur zwei international anerkannte Zertifikate: Das Siegel des Forest Stewardship Council (FSC) und jenes des Programme for the Endorsement of Forest Certification Schemes (PEFC). Ersteres wurde 1992 nach der großen Umweltkonferenz von Rio de Janeiro eingeführt. Es hat sich als das mit Abstand verlässlichste Zertifikat erwiesen. Das andere gibt es seit 1999, bisher jedoch hauptsächlich für europäische Wälder. Beide versuchen, den Weg »vom Baum bis zum Stuhl« lückenlos zu verfolgen und von unabhängigen Gutachtern beurteilen zu lassen, ob dabei nachhaltige Prinzipien der Bewirtschaftung zum Tragen kamen.

beitsplätze und nicht dort, wo sie den Menschen den wirtschaftlichen Nutzen – und damit den besonders pfleglichen Umgang mit den Wäldern – vor Augen führen müssten. Hätte die örtliche Bevölkerung mehr vom Gewinn, würde sie den Wert der Wälder besser zu schätzen wissen. Solange dabei aber die Ursprungsländer benachteiligt werden, kann solches Bewusstsein nicht wachsen.

Unliebsame Folgen hat auch die um sich greifende, oft geradezu kriminelle Brandstiftung. Zwar gehörten Feuer und Holz schon immer zusammen wie Regen und Wolken. Und solange Brände natürlichen Ursachen wie Blitzeinschlägen entsprangen, konnten sich die Wälder wieder erholen. Treten sie aber zu häufig und zur falschen Zeit auf, stellen sie eine ernste Gefahr für den Wald dar. Da es seit Jahren immer häufiger lodert und glimmt draußen im Forst, belasten Brandschäden die ohnehin schon von allen Seiten bedrängten Wälder noch zusätzlich. Meistens hat auch hier der Mensch die Hand im Spiel: entweder durch unachtsam weggeworfene Zigarettenstummel oder mutwilliges Zündeln.

Oft genug nämlich sind Waldbrände kaltblütig geplante Taten: Man will den Wald vernichten, um Land für Wohnungsbau, Luxustourismus oder Palmölplantagen mit vollendeten Tatsachen zu schaffen. Anders verhält es sich mit dem »friendly fire«, das traditionell in vielen waldreichen Entwicklungsländern schon seit Generationen angewendet wird. Es ist eine Art Brandrodung, die nicht Natur vernichtet, sondern eine dem empfindlichen Ökosystem Wald angepasste Bewirtschaftung erlaubt.

Rohstoff für Papier

Nicht nur jeder Stuhl und Tisch, jedes Regal und Bett kommt ursprünglich aus dem Wald. Jedes Buch, das wir lesen, jede Zeitung, in der wir blättern, verdanken wir dem Wald. Das ist uns meist gar nicht mehr bewusst, zumal Papier nicht wie ein Holzprodukt aussieht. Tatsächlich aber wird es in einem mehrstufigen chemischen Prozess aus lauter Holzschnitzeln hergestellt, sowohl von Nadelbäumen wie Fichte, Tanne, Kiefer und Lärche, aber auch von Laubbäumen wie Buche, Pappel, Birke und Eukalyptus. Welche Baumart verwendet wird, hängt vom gewünschten Endprodukt ab, weil die Fasern unterschiedliche Strukturen und Anmutungen hervorbringen.

Zum Glück wächst die Bedeutung von Altpapier; in Deutschland macht es als Rohstoff für die Papiererzeugung schon mehr als 60 Prozent aus. Die Techniken sind inzwischen so weit fortgeschritten, dass kein erkennbarer Unterschied mehr zum »neuen Papier« besteht. Selbst Stroh und Papierabfälle setzt man in geringen Mengen für weniger wertvolle Papiersorten ein. Aber der wichtigste Grundrohstoff bleibt Holz.

In Deutschland verbraucht jeder Bundesbürger knapp 230 Kilogramm Papier pro Jahr. Das entspricht etwa einem Packen Druckerpapier in anderthalb Tagen, den statistisch gesehen auch jedes Baby und jeder Greis nutzt. Noch mehr Papier kommt in den Vereinigten Staaten zum Einsatz: 335 Kilogramm pro Jahr. PCs haben diese Entwicklung nicht gestoppt, sondern eher noch begünstigt. Die Vorstellung vom papierlosen Büro, bei dem Dokumente von einem virtuellen Ordner in den anderen geschoben werden, hat sich bisher nicht erfüllt. Tatsächlich drucken wir heute mehr aus als früher. Dazu kommen Zeitungen und Zeitschriften, Bücher und Kartonage.

Wenn alle Einwohner Afrikas, die heute etwa sechs Kilogramm pro Kopf im Jahr verbrauchen, so viel Papier beschrieben, bedruckten oder bemalten wie wir oder die US-Bürger, dann würde die weltweite Waldfläche um ein Mehrfaches gegenüber den jetzigen Zahlen schrumpfen. Bis zum Jahr 2015, so geht aus einschlägigen Prognosen hervor, soll sich der Weltverbrauch um ein Viertel auf dann 440 Millionen Tonnen vergrößern.

Wozu Wälder?

Doch warum die ganze Aufregung um den Wald? Verdankt sie sich einzig überzeugten Umweltschützern, die nicht darauf verzichten möchten, die Wipfel rauschen oder die Eule schauerlich rufen zu hören? Oder Menschen, für die es ein Gebot ist, die Schöpfung zu bewahren? Es ist nicht nur der Wunsch, sich in den Wäldern von Großstadtlärm und Benzingestank zu erholen, die uns für den Erhalt des Waldbestandes eintreten lassen sollten. Wälder nehmen im ökologischen Zusammenspiel ent-

Nachhaltigkeit – ein Begriff macht Karriere »Also sollte der Mensch es halten: Ehe der alte (Wald) ausgehet, der junge bereits wieder zum verhackhen hergewaxen ist.« Einige Jahrhunderte ist es her, dass ein Verwalter der bayerischen Stadt Reichenhall den Grundsatz der nachhaltigen Waldwirtschaft niedergeschrieben hat. Erst im 19. Jahrhundert, nach langen Phasen katastrophaler Waldzerstörung, entwickelte er sich zum Maßstab der hiesigen Fortwirtschaft: Man entnehme dem Wald nicht mehr Holzmasse als gleichzeitig nachwächst. Und was für den Wald gelten sollte, ein vernünftiges Gleichgewicht zwischen den ökologischen und ökonomischen Interessen, schien für den Rest der Natur nicht weniger recht und billig. Überall, so die Vorstellung, die in den achtziger Jahren schließlich auch auf internationaler Ebene reifte, soll der Mensch nur so viel entnehmen, wie das Ökosystem Erde zulässt, um auch weiterhin intakt zu bleiben. Bei der großen Umweltkonferenz in Rio de Janeiro im Jahr 1992 wurde der Begriff der Nachhaltigkeit zum ersten Mal als weltweite Maxime festgeschrieben und ist seither aus keiner Debatte um die Zukunft der Erde mehr wegzudenken. Immer geht es darum, wie die Wirtschaft wachsen und Armut beseitigt werden kann, ohne unsere Lebensgrundlage dauerhaft zu schädigen.

scheidende Aufgaben wahr: Sie dienen als Speicher und »Kläranlagen« für die Süßwasservorräte, die weltweit immer rarer werden. Mit ihrem starken Wurzelwerk stabilisieren sie das Erdreich und schützen es vor Erosion, vor dem unkontrollierten Abrutschen durch Wasser, Eis oder Wind. Wann immer an abschüssigem Gelände Bäume massenweise gefällt wurden, schwemmt schon der nächste Regen einen Teil der oberen Erdkrume weg. Auf diese Weise geht bei jedem Niederschlag fruchtbarer Boden verloren, die Fläche verödet zunehmend. Oft lässt sich ein solches Gebiet nur unter großen Mühen wieder begrünen.

Tegucigalpa, die Hauptstadt von Honduras zum Beispiel, ist umgeben von kargen Hügeln, deren dichter Baumbestand im Laufe der Zeit abgeholzt wurde. Inzwischen versucht man dort wieder aufzuforsten, aber das ist schwie-

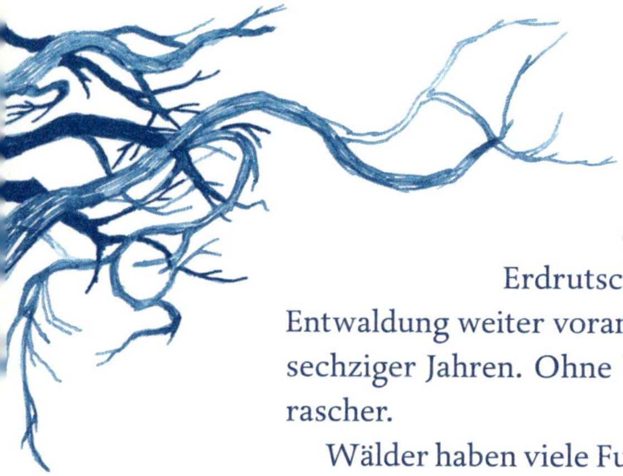

rig, im Extremfall muss jedes Bäumchen einzeln gesichert werden. Ist eine Reihe wieder verankert, arbeitet man sich langsam bergauf, immer in der Hoffnung, dass der nächste Regen nicht alle Versuche durch Erdrutsche zunichte macht. In Honduras schreitet die Entwaldung weiter voran, heute um etwa ein Drittel schneller als in den sechziger Jahren. Ohne Wiederaufforstungsprogramme ginge es noch rascher.

Wälder haben viele Funktionen, sie säubern Wasser, schützen den Boden, stabilisieren aber auch unser Klima, weil sie die Luftfeuchtigkeit erhöhen, Winde und Stürme bremsen. Schließlich absorbieren sie als »Lungen der Welt« Kohlendioxid aus der Luft und versorgen uns mit wertvollem Sauerstoff. Ein weiterer Verlust des Waldbestandes könnte den Klimawandel deshalb erst recht anheizen. Wenn in Brasilien die Tropenwälder leiden, betrifft uns das direkter als uns bewusst ist. Wenn in Indonesien mehr Edelhölzer geerntet werden als eine nachhaltige Bewirtschaftung zulässt, geht uns das mehr an als uns lieb sein mag. Denn so entfernt und unterschiedlich ihre Vegetation auch sein mag, eines bleibt allen Wäldern gemein: Sie spielen für den Lebensraum Erde eine elementare Rolle.

Traurige Tropen

Die Tropen sind wahre Schatzkammern. Sie beherbergen den größten Artenreichtum der Erde. Millionen Tier- und Pflanzenarten – etwa zwei Drittel aller Lebewesen auf dem Land – sind in den tropischen Regenwäldern rund um den Äquator heimisch. Mehrere hundert Baumarten auf einem Hektar sind dort keine Seltenheit. Und weil die Bedeutung der Wälder als Heim für Flora und Fauna, für Tier und

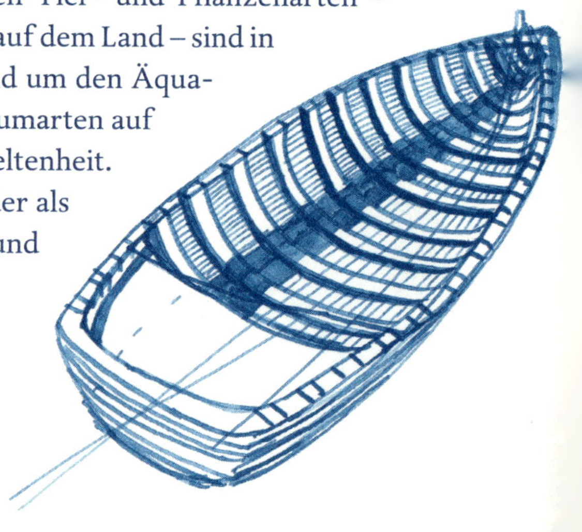

Vogel, als »Thermostat«, »Befeuchter« und »Frischluftspender« so groß ist, hat die sich daraus ergebende Verpflichtung zu ihrem Erhalt und Schutz inzwischen Eingang in viele nationale und internationale Dokumente gefunden. Aber eine umfassende Waldkonvention mit klaren und einheitlichen Schutzregeln, auch mit Hilfsangeboten der reichen Staaten, gibt es bis heute nicht.

Umweltschutzgruppen fordern seit Jahren eine stufige Vorgehensweise: Schutzräume errichten, in denen sich der Wald ohne Holzeinschlag ungestört entwickeln kann; abgeholzte Flächen so schnell wie möglich aufforsten. Und schließlich eine nachhaltige Waldbewirtschaftung pflegen – dem Wald also nicht mehr Substanz zu entziehen als wieder heranwächst. Trotz vieler diesbezüglicher Versprechen auch der betroffenen Staaten selbst ist das Ergebnis des internationalen Waldschutzes ernüchternd: Der Waldschwund geht weiter, nur ein kleiner Teil wird nachhaltig gepflegt – in den Tropen etwa fünf Prozent. Rund um den Äquator liegen für gerade einmal vier Prozent der ausgewiesenen Schutzflächen auch tatsächlich Konzepte vor. Und das ist schon eine erhebliche Verbesserung gegenüber dem Zustand von vor zehn Jahren. Trotzdem lautet das Fazit: Die Wälder werden immer noch nicht gut genug behandelt.

Doch bevor wir den betroffenen Ländern Vorhaltungen machen, sollten wir uns einer alten deutschen Lebensweisheit erinnern, die besagt: Zeigst du mit dem Finger auf andere, dann denke daran, dass drei Finger auf dich zurückzeigen. Denn auch unser Naturwald ist bis auf wenige Ausnahmen verschwunden. Von den waldreichen Staaten in den

Schutzräume Ob Naturschutzgebiet, Nationalpark, Naturwaldreservat, Biosphärenreservat, Naturpark, Wildreservat oder Landschaftsschutzgebiet – weltweit existieren nach Angaben des WWF mindestens 140 unterschiedliche Kategorien für Schutzgebiete, allein 90 in Europa. Für einige gelten internationale Regeln, andere folgen nationalen Vorgaben. Darüber hinaus können demselben Gebiet gleich mehrere Kategorien zugeordnet werden, sodass sich kaum überblicken lässt, wie hoch die weltweite Gesamtfläche an Schutzgebieten ist.

Tropen können wir kaum erwarten, dass sie lassen, was wir taten. Jedenfalls nicht zum Nulltarif, nicht ohne Anreize für die Verbesserung ihrer Lebensumstände. Bisher bezahlen sie für die Kohlendioxid-Emissionen der industrialisierten Welt. Der Schutz ihrer Wälder ist deshalb eine Aufgabe, die uns alle angeht und von allen gemeistert werden muss.

Der Wald stirbt zwar nicht bei uns, aber in anderen Weltgegenden schlägt man ihn tot. Dagegen kann auch der hiesige Endverbraucher etwas tun. Er kann durch sein Kaufverhalten Einfluss auf die weltweite Waldbewirtschaftung nehmen. Ein Beitrag dazu wäre zum Beispiel, Möbel aus Hölzern zu erwerben, die zumindest auf Zertifikate wie die des Forest Stewardship Council (FSC) achten. Das allein wird allerdings nicht reichen. Wir müssen den Ländern, von deren Waldreichtum auch wir profitieren, darüber hinaus Unterstützung in Form von Entwicklungszusammenarbeit, Ausgleichsleistungen und angemessenen Zoll- und Importsystemen zukommen lassen.

Als der Forstminister aus einem für den Regenwald besonders bedeutsamen Land vor einigen Jahren mit dem Hubschrauber Deutschland überflog, platzte er irgendwann vor Ärger: Wie Rekruten der Preußischen Armee empfand er den Anblick des deutschen Waldes. Schön in langen, gerade ausgerichteten Reihen gepflanzt, immer Arten, die in kurzer Zeit den besten Ertrag bringen – regelrechte Holzfabriken. Wenn sein Land das Gleiche machen wolle, empörte sich der Minister, rüge man es, verlange stattdessen mit großem moralischen Tremolo in der Stimme den Erhalt der Regenwälder. Und zwar kostenlos.

Auch wenn sich der Umgang mit dem Wald hierzulande in den vergangenen zwanzig Jahren verändert hat, wäre ein solcher Anspruch – schon angesichts der eigenen Vergangenheit – nicht nur ungerecht, sondern auch unrealistisch. Denn nur wenn der Wert des Waldes auch wirtschaftlich messbar ist, wird sich der Schwund stoppen lassen. Eine schonende Nutzung der Wälder ist sehr oft auch ihr bester Schutz.

Noahs Liste

Ist es schlimm, wenn die natürliche Vielfalt an Tieren und Pflanzen abnimmt? Muss es uns ernsthaft bekümmern, wenn wir die Smaragdeidechse nicht mehr in den Steilhängen der Weinberge finden? Wofür braucht die Welt den indischen Tiger? Er reißt Ziegen und Kühe, greift oft Menschen an und tötet sie. Wenn die Würfelnatter aus den Staustufen der Lahn verschwindet – ein Grund zur Sorge? Ist Artenvielfalt nicht nur ein Anliegen von Tierliebhabern und Pflanzensammlern, die sich an der farbenfrohen Verschiedenheit von Fauna und Flora berauschen? Ein Luxusartikel also? Weit gefehlt. Schrumpft die Vielfalt, schmälern wir auch wertvolle Lebensgrundlagen dieser Welt. Wo ein Feuchtgebiet verschwindet und mit ihm die Tiere und Pflanzen, die an diesen Lebensraum angepasst waren, verlieren wir »Leistungen« der Natur, die von niemandem bezahlt, aber von uns allen wie selbstverständlich in Anspruch genommen werden.

Selbst der König der Tiere kann sich seines Lebens nicht mehr sicher sein: Wenn der Mensch den Löwen nicht besser schützt, wird er in den nächsten zehn Jahren in Afrika aussterben. Das zumindest befürchten Tierschützer. Sie stützen ihre düsteren Prognosen auf Beobachtungen der vergangenen zwanzig Jahre, in denen der Bestand der afrikanischen Löwen von 300 000 auf nun etwa 30 000 geschrumpft ist, durch Krankheiten und Verlust von Lebensräumen. Afrika ohne Löwen – undenkbar und doch möglich. China ohne Pandas – ebenso undenkbar und genauso möglich. Denn auch der drollige Große Panda Bär, der tagaus, tagein nur Bambus mampft, ist vom Aussterben bedroht. Chinas wachsende Bevölkerung hat ihn abgedrängt; es gibt immer weniger Gebiete, die ihm ausreichend Nahrung bieten. Und selbst die Eisbären, die zur Arktis gehören wie die Butter aufs Brot, müssen angesichts schmelzender Eisberge um ihr Überleben kämpfen.

Beschleunigte Vernichtung

Jeden Tag wird die Erde ein bisschen ärmer an Geräuschen, Farben, Formen und Gerüchen, ärmer an Vielfalt. Schwankungen in der Artenmenge gab es immer, etwa aufgrund von Naturkatastrophen: Eiszeiten, Vulkanausbrüche, Stürme und Erdbeben, sie alle haben den Bestand an Leben auf der Erde wiederholt verändert. Doch ungefähr seit dem 17. Jahrhundert wird der Rück-

Rote Liste Alle zwei Jahre veröffentlicht die Internationale Artenschutzunion eine Liste der weltweit gefährdeten Tier- und Pflanzenarten: die Rote Liste. Darauf befanden sich im Jahr 2005 genau 16 119 Arten, 530 mehr als ein Jahr davor. Dazu gehörten als »Neuzugänge« auch das Flusspferd und der Eisbär. Seit vier Jahrzehnten untersucht die Union, zu der sich mehr als 80 Regierungen, Hunderte unabhängiger Organisationen und Tausende von Wissenschaftlern aus aller Welt zusammengeschlossen haben, den Zustand von Fauna und Flora unserer Erde. Und jedes Mal fallen die Ergebnisse düsterer aus.

gang mehr und mehr durch menschliches Handeln verursacht – und beschleunigt.

Heute vollzieht sich das Aussterben seltener Tiere oder Pflanzen nach Schätzungen der Internationalen Artenschutzunion (IUCN) hundert- bis tausendmal schneller als noch vor einem Jahrhundert. Seit dem Untergang der Dinosaurier, so die Vereinten Nationen, hat die Welt kein vergleichbares Dahinsiechen von Fauna und Flora mehr erlebt. Jede zweite Pflanzen- und jede vierte Tierart sind gefährdet.

Auf der Roten Liste der IUCN befinden sich mittlerweile mehr als 16 000 Spezies, die akut gefährdet sind. Dazu gehören das Java-Nashorn ebenso wie der asiatische Tiger. Am schlimmsten steht es um die Süßwasserfische. Bei den Vögeln sind es neben Albatrossen vor allem Kraniche, Papageien, Fasane und bestimmte Taubenarten, deren Bestand Sorge bereitet. Unter den Säugetieren gelten Huftiere, Raubtiere, Primaten und Seekühe als besonders verletzlich, bei den Amphibien sind Salamander sowie verschiedene Kröten- und Froscharten bedroht. Unter den Reptilien trifft es vor allem die Wasserschildkröten. Besonders hoch sind die Verluste in China, Brasilien, Mexiko und Australien, in Afrika südlich der Sahara und in Südostasien, aber auch in Deutschland lebt und wächst ständig weniger.

Das Aussterben ist ein schleichender Prozess: Zuerst verringern sich nur die Bestände, dann wer-

Artenschwund in Deutschland Nicht nur in fernen Ländern, im Urwald und tief im Meer sterben Arten, auch hier in Deutschland sind Pflanzen und Tiere bedroht. Das Bundesamt für Naturschutz prüft regelmäßig den hiesigen Bestand an Artenvielfalt und erstellt eine nationale Rote Liste. Von den etwa 16 000 untersuchten Tieren ist demnach nur etwa die Hälfte völlig sicher. Die andere Hälfte – darunter fast alle Käfer, die Großschmetterlinge, bestimmte Flusskrebse und Eulenarten – ist unterschiedlich stark gefährdet. Bei den untersuchten Pflanzen ergibt sich ein ähnliches Bild. Auf der Roten Liste stehen zum Beispiel Moose, Flechten, Algen und Pilze. Das Bundesamt für Naturschutz kommt jedenfalls zu dem Schluss, dass die Gefahren hierzulande »sehr ernst« zu nehmen seien.

den einzelne Unterarten ausgelöscht, schließlich sind die Tiere nicht mehr in allen traditionellen Regionen, sondern nur noch in einigen Gebieten anzutreffen – die Art stirbt aus. Während in früheren Jahrhunderten besonders Inseln von einem rasanten Schwund betroffen waren, schon allein, weil Tier- und Pflanzengruppen keine Ausweichmöglichkeiten hatten, registrieren Wissenschaftler heutzutage eine ähnlich hohe Geschwindigkeit auch an Land. Etwa 800 Arten hat die Erde durch menschliches Einwirken schon unwiederbringlich verloren. Klingt angesichts der verbleibenden Vielfalt nicht sehr bedrohlich, aber das sind nur die sicher dokumentierten Fälle. Wie viele es tatsächlich waren, weiß die Fachwelt nicht präzise zu benennen, auch wenn der generelle Trend eindeutig ist: Der WWF hat zum Beispiel bei den Wirbeltieren allein für die vergangenen drei Jahrzehnte einen Schwund von einem Drittel festgestellt.

Wie der Mensch die Natur enteignet

Gründe fürs Artensterben gibt es viele, fast immer ist der Mensch daran beteiligt. Naturnahes Wohnen, Segeln in unberührter Landschaft, Skifahren in entlegenen Bergwelten, Baden an einsamen Stränden, Begradigung von mäandernden Flüssen – dieser »Enteignungsprozess« nimmt immer mehr Tieren und Pflanzen ihre Lebensräume.

Die Menschheit wächst und darüber hinaus wachsen die Bedürfnisse jedes Einzelnen. Wald muss Ackerland Platz machen, Sümpfe werden trockengelegt und Felder mit Häusern und Straßen bebaut. Jeden Tag verbraucht jeder Deutsche bisher mehr als 100 Hektar. Straßen und Infrastruktur »zerteilen« die Landschaft, Bauten aller Art »versiegeln« Böden. Die Natur weicht zurück, wir lassen ihr immer weniger Raum. Europa vergrößert seine städtischen Gebiete jedes Jahr um die Fläche Luxemburgs. Wenn der Verbrauch an Land und Ressourcen so weitergeht wie bisher, würden wir, so hat der WWF errechnet, bis zum Jahr 2050 eigentlich zwei Planeten benötigen, um unsere Bedürfnisse nach Nahrung, Energie und Infrastruktur zu decken. Der so genannte »ökologische Fußabdruck«, der zeigt, wie viel Natur wir für unseren aufwändigen Lebensstil verbrauchen, wird immer größer.

Zur Flächenversiegelung und der intensiven Landwirtschaft, die mit Dünge- und Insektenvernichtungsmitteln arbeitet, kommt noch der

Verlorenes Vermögen Bedenkenlos zehren wir Menschen unser »Naturkapital« auf. Ein Beispiel von vielen: Kanadische Wissenschaftler haben für ein intaktes Feuchtgebiet jährlich einen Nutzen von über 6000 Dollar errechnet – wertvoll unter anderem als unterirdischer Wasserspeicher und damit als Hochwasserschutz. Als trockengelegtes Ackerland lässt sich sein Wert nur noch mit höchstens 2000 Dollar veranschlagen. Am Anfang dieses Jahrtausends machten Hunderte von Wissenschaftlern »Kassensturz«, wie viel »Naturkapital« der Mensch bereits verbraucht hat. Das Ergebnis war bestürzend: Im Durchschnitt sind bereits mehr als 40 Prozent verloren.

Gefährliche Begierden In Afrika und Asien werden Nashörner wegen ihres spitzen Horns erlegt. In Südostasien sagt man dem daraus gewonnenen Pulver eine potenzsteigernde Wirkung nach; im Jemen hält sich die Vorstellung, dass ein Dolchgriff aus Horn magische Kräfte verleiht. Diese Traditionen fielen nicht weiter ins Gewicht, solange sie auf den angestammten Kulturkreis beschränkt blieben. Erst die Massenproduktion, meist für den Tourismus, hat daraus eine Gefahr für die Natur erwachsen lassen, weil durch sie der Pfad des »klugen Nutzens«, des »wise use«, verlassen wurde. Das Sekret des Moschustieres zum Beispiel, mit dem die Männchen die Weibchen betören, kommt in der traditionellen asiatischen Medizin zum Einsatz, aber auch in Parfüms und Seifen. Das macht diese hirschartigen Tiere, die in vielen Ländern aufgrund ihrer akuten Gefährdung bereits unter Schutz stehen, bei Wilderern höchst begehrt. Auch souvenirbegeisterte Touristen tragen immer wieder kräftig zum Niedergang einer Art bei: Das gilt für den exklusiven Schlangenledergürtel, den man mit nach Hause nimmt, genauso wie für die Muschel vom Strand.

milliardenschwere Handel mit seltenen Tieren und Pflanzen. Das Geschäft mit der wilden Kreatur blüht; früher war es vor allem das begehrte Elfenbein, das den Elefanten zusetzte, heute sind es Tigerfelle oder Nashornteile, die bestimmte Populationen gefährden.

Eine weitere große Gefahr nach der Vernichtung natürlicher Lebensräume liegt daher im Jagen von Tieren und Sammeln seltener Pflanzen. Manchmal geschieht das aus Unkenntnis oder aus der puren Lust am Besitz, dann wieder werden Hörner, Felle und Häute wie Trophäen behandelt. Und schließlich gibt es pharmakologische Anreize für die Plünderung: Denn die Natur ist eine einzigartige Apotheke. So hat das amerikanische Krebsforschungsinstitut (National Cancer Institute) mehr als 3000 Pflanzenarten identifiziert, die gegen Krebszellen aktiv werden. 70 Prozent davon wachsen in artenreichen Regenwäldern.

Tausende Pflanzen- und Tierarten, einige hundert Pilz- und Bakterienarten liefern wichtige Substanzen für unsere Gesundheitsversorgung.

Der größere Teil der Menschheit ist auf sie angewiesen. Eine intakte Natur stellt viel Nützliches zur Verfügung, gerade die Armen können darauf nicht verzichten. Die natürliche Apotheke schützt sie gegen Krankheiten oder liefert ihnen die Gegenmittel, ohne die ihre Lebensgrundlage gefährdet wäre. Aber nicht sie allein machen von dieser Heilkraft Gebrauch, sondern auch die westliche Schulmedizin profitiert davon. Die Nachfrage wächst weltweit – das macht die Notwendigkeit eines geregelten Zugangs und eines gerechten Nutzenausgleichs erst recht dringlich. Bisher jedenfalls steht das häufig uralte Wissen bestimmter Kulturen jedem ohne »Patentschutz« zur Verfügung.

Inzwischen befinden sich auf der Roten Liste zahlreiche Heilpflanzen, etwa der wilde Ginseng, dem unter anderem besondere Kräfte als Herz-Kreislauf-Mittel nachgesagt werden. Auch das afrikanische Stinkholz, eine Baumart, deren Rinde ebenfalls für medizinische Zwecke genutzt wird, gilt wegen Übernutzung als gefährdet.

Dann wieder werden Tiere und Pflanzen aus fernen Ländern in ganz andere Regionen mit anderen natürlichen Bedingungen von Klima und Wasser eingeschleppt. Man nennt diese fremden Einwanderer »alien species«. Oft schleppen Touristen sie unbeabsichtigt ein, manchmal werden sie aber auch als Souvenir, als exotische Erinnerung mitgebracht, selbst wo das ausdrücklich verboten ist. Auch Ballastwasser, das leere Tanker auf ihrem Weg zurück an die Ölquellen als Stabilisator geladen haben, versetzt Arten aus ganz anderen Flüssen oder Küstenmeeren dorthin, wo das Wasser wieder ins Meer abgelassen wird. Über die weltweiten Im- und Exporte von Holz und anderen organischen Stoffen werden Insekten, Käfer, Mikroben über große Entfernungen in ein völlig anderes natürliches Umfeld, in ein anderes Gleichgewicht der Arten verschleppt. Häufig sind solche »alien species« schnell die Sieger über die vorgefun-

denen Arten. Die Frösche aus der Karibik zum Beispiel, nach Hawaii gebracht, fressen dort einheimische Meerestiere auf und zerstören deren Lebensräume.

Zusätzliche Gefahr droht durch den Klimawandel, der mehr und mehr zu einer der Hauptursachen fürs Artensterben wird. Im Schutzgebiet des südafrikanischen Tafelbergs bei Kapstadt wie in vielen anderen Höhenregionen der Welt ist das schon jetzt zu beobachten: Die Arten »wandern den Berg« hoch, dorthin, wo die Temperaturen niedriger sind. Pessimisten befürchten, dass Pflanzen und Tiere nicht genug Zeit haben werden, sich veränderten klimatischen Bedingungen anzupassen oder ihren angestammten Lebensraum zu verlassen. In küstennahen Feuchtgebieten werden dann womöglich Brut- und Rastplätze von Zugvögeln überschwemmt. In den Tropen drohen Trockenheit und Waldbrände, beides würde vielen Spezies zu schaffen machen.

Mit einem massiven Artensterben sei, so prognostizieren einige, in zwanzig Prozent jener Gebiete zu rechnen, die sich heute noch durch eine hohe Vielfalt auszeichnen. Auch wenn sich die Fachwelt nicht einig ist über die genauen Auswirkungen einer höheren mittleren Erdtemperatur, so nehmen doch alle an, dass sie nicht ohne negative Folgen bleiben wird für Pflanzen- und Tierwelt.

Bekanntschaft mit neuen Arten

Zugleich – und scheinbar widersprüchlich – werden immer neue Arten entdeckt. Je weiter der Mensch in noch unerforschte Gebiete vordringt, in den Urwald etwa oder in die Tiefe der Meere, desto wahrscheinlicher ist es, dass er bisher unbekannten Lebewesen begegnet. So glauben Forscher, erst kürzlich bei einer Expedition in den Dschungel Papua-Neuguineas – einer riesigen Insel im Pazifik – ein bis dahin verborgenes Paradies gefunden zu haben. In nur vier Wochen sind den überraschten Wissenschaftlern zwanzig unbekannte Froscharten, vier neue Schmetterlinge sowie eine erstaunliche Anzahl nicht nachgewiesener Pflanzen-

Berühmte Paten Die »Taxonomie« beschäftigt sich mit der Erfassung und systematischen Einordnung von Organismen. Für die Artenvielfalt ist dieser Zweig der Biologie von großer Bedeutung. Nur wer kennt, was er hat, weiß auch, was er zu verlieren hat. Ganz nebenbei können sich Wissenschaftler dabei noch selbst verewigen. Denn sie dürfen den Namen einer neuen Art frei wählen, solange dabei bestimmte Grundregeln eingehalten werden. Der Fundort kann darin genauso vorkommen wie der Finder, ein Verwandter oder eine andere Person. Für eine neue Orchideenart aus Bolivien stand vor einigen Jahren der frühere Präsident der Sowjetunion Pate, Michail Gorbatschow: Weil die Namensgebung ein Geschenk zu seinem 70. Geburtstag war, heißt die Pflanze jetzt Maxillaria gorbatschowii.

arten, darunter Palmen und Rhododendren, begegnet. Überhaupt scheint das Eiland, ganz im Gegensatz zu anderen großen tropischen Inseln wie Borneo oder Madagaskar, noch eine weitgehend vergessene Welt der Artenvielfalt zu sein.

Ähnliche »weiße Flecken« werden in einigen Regionen Asiens vermutet, etwa in Kambodscha und Vietnam, wo jahrzehntelange (Bürger-)Kriege die Forschung behinderten. Auch in Burma, dort herrscht bis heute eine rigide Militärjunta, soll sich noch manche Überraschung verbergen. Berichte über Zugänge im Arteninventar mehren sich aus vielen Weltgegenden; sie sind nicht auf Fische und Amphibien begrenzt, sondern selbst große Tierarten warten noch auf ihre Entdeckung. Denn die Mehrzahl der Kreaturen ist bis heute nicht wissenschaftlich beschrieben, vielleicht noch nicht einmal entdeckt.

Niemand weiß genau, wie viele Tier- und Pflanzenarten auf der Erde leben. Schätzungen gehen von fünf bis 30 Millionen aus. Eine im Auftrag des UN-Umweltprogramms erstellte Studie hält eine Anzahl von 13 bis

14 Millionen unterschiedlicher Tier- und Pflanzenarten für wahrscheinlich. Bisher konnten erst etwa zehn Prozent davon wissenschaftlich erfasst werden, darunter rund 41 000 Wirbeltiere, knapp 250 000 Blütenpflanzen, Farne und Moose sowie 75 000 Insekten. Doch während Experten noch die ganze Pracht systematisch zu analysieren suchen, entgleitet sie ihnen schon wieder durch unwiederbringliche Verluste.

Das Washingtoner Artenschutzübereinkommen

Die internationale Gemeinschaft ist sich der Gefahr des Artenschwunds durchaus bewusst. Schon vor vielen Jahren hat sie einen Vertrag geschlossen, der den Handel mit gefährdeten Pflanzen und Tieren einschränkt. Dem »Washingtoner Artenschutzübereinkommen« aus dem Jahr 1973 liegt die Überlegung zugrunde, dass sich Abhilfe am besten durch grenzüberschreitende Zusammenarbeit schaffen lässt. Denn häufig werden bedrohte Kreaturen auf ihrem Weg von der Wildnis zum interessierten Käufer von Land zu Land, oft sogar von Kontinent zu Kontinent befördert. Das Abkommen, dem mittlerweile mehr als 150 Staaten angehören, unterscheidet verschiedene Ebenen der Gefährdung, dementsprechend abgestuft sind die Vorschriften: Sie reichen von totalem Handelsverbot – etwa bei Menschenaffen, Tigern und Leoparden – bis hin zum Export unter bestimmten Bedingungen.

Einige Erfolge hat das Abkommen tatsächlich erzielt. Die Elefantenwilderei in Afrika ist zusammengebrochen, nachdem der Handel mit Elfenbein seit 1989 rigoros unterbunden wurde. Ein Totalverbot war nötig, mit laxeren Vorschriften hätte man die Wilderei nicht unter Kontrolle bringen können. Der Tsavo-Nationalpark in Kenia zum Beispiel stand damals kurz vor dem Verlust seines kompletten Elefantenbestandes. Inzwischen leben dort wieder einige Tausend Exemplare. Ähnliches gilt für Südafrika, wo in verschiedenen Parks große Herden zu besichtigen sind.

Wohin mit den Vogelspinnen? Nach dem Washingtoner Artenschutzübereinkommen werden illegal eingeführte Tier- und Pflanzenarten vom Zoll beschlagnahmt. Doch wohin mit den Schätzen? Am einfachsten lässt sich das Problem bei pflanzlichen oder tierischen Stoffen lösen: Sie gehen an Schulen oder Universitäten für Forschungszwecke. Materialien wie Schildpatt, Elfenbein oder Edelholz werden kulturhistorischen Sammlungen zur Restaurierung etwa alter Möbel oder Instrumente überlassen. Wohin aber mit lebenden Pflanzen und Tieren? Zumal manchmal gleich 1000 Vogelspinnen, 700 Pfeilgiftfrösche oder 800 Kakteen auf einmal beschlagnahmt werden? Meistens versucht man, die »Ware« ins Ursprungsland zurückzuverfrachten. Wenn das nicht möglich ist, muss hierzulande eine Unterkunft gefunden werden, in einem Zoo oder Botanischen Garten. Keine einfache Aufgabe für die zuständigen Behörden, denn es gilt dann auch die Tauglichkeit der künftigen Bleibe genauestens zu prüfen. Für diese mühevolle Aufgabe hat sich inzwischen eine EU-weite Zusammenarbeit etabliert: Es ist heute keine Seltenheit mehr, dass ein von britischen Behörden beschlagnahmtes Krokodil später in einem deutschen Zoo lebt – und umgekehrt.

Aber das Abkommen hat auch Schwächen: Es kann Arten nur dann schützen, wenn sie tatsächlich gefährdet sind, muss also erst den schleichenden Tod einer Spezies registrieren, ehe eingeschritten wird. Außerdem gelten die Vorschriften nur für den Handel zwischen Staaten, nicht innerhalb einzelner Länder. Und es gibt keine Zwangsmittel zur Durchsetzung von Handelsverboten, »Sünder« bleiben ohne Strafe. So hat die Übereinkunft nicht verhindern können, dass immer mehr Arten in den Sog der Vernichtung geraten. Auch das wohl milliardenschwere Geschäft mit wildlebenden Tieren und Pflanzen wurde dadurch keineswegs unterbunden.

Zwanzig Jahre später hat man deshalb ein weiteres Abkommen geschlossen: das »Übereinkommen über die Biologische Vielfalt«. Darin

hat sich die Staatengemeinschaft vorgenommen, bis zum Jahr 2010 den Rückgang der Artenvielfalt zu stoppen. Dieses Ziel, so zeigen intensive wissenschaftliche Studien, ist mit den bisherigen Maßnahmen und politischen Verpflichtungen nicht zu erreichen. Nach wie vor zehren wir das »Naturkapital« gewissenlos auf.

Wozu Artenvielfalt?

Wie viele Populationen braucht es denn überhaupt für ein gedeihliches Zusammensein auf der Erde? Brauchen wir Motte, Maus, Mais, Mistel, Miesmuschel und Magnolie alle gleichermaßen? Tatsächlich gibt es dazu eine Reihe zum Teil widersprüchlicher Theorien. Nach der »Nietenhypothese« ist jede Art, ob klein ob groß, gleichermaßen von Bedeutung. Genau wie jede Niete eines Flugzeugs zum Zusammenhalt beiträgt und einen Absturz der Maschine verhindert, so ist jede einzelne Art zum Erhalt eines Ökosystems wichtig. Nach der »Passagier-Hypothese« wiederum braucht es nur einige Schlüsselarten, die den Fortbestand garantieren, so wie in einem Flugzeug auch nur die Crew für eine sichere

Zoos können Arten retten Zoologische und Botanische Gärten können manchmal dazu beitragen, eine Art vor dem Aussterben zu bewahren. Gelungen ist das zum Beispiel beim Wisent, einer Bisonart, die früher in vielen Teilen Europas verbreitet war. Weil der Mensch ihn intensiv gejagt hat, ist der letzte freilebende Wisent schon vor vielen Jahrzehnten gestorben; in Zoos aber gab es ihn noch. Dort wurde die Art gepflegt und gehegt und später sogar ausgewildert. Mittlerweile leben wieder Exemplare des Wisents in einigen Gegenden Osteuropas. Meist verlaufen die Rettungsversuche aber nicht so erfolgreich wie in diesem Fall. Viele Tiere pflanzen sich in Gefangenschaft nur selten oder gar nicht fort. Außerdem stoßen Zoos und Botanische Gärten schnell an ihre Kapazitätsgrenzen.

Ankunft verantwortlich ist. Beide Theorien stehen sich als Extremstandpunkte gegenüber. Eher dazwischen liegt die so genannte »Redundanz-Hypothese«, nach der zunehmende Vielfalt zunächst einen großen Nutzen bringt, weitere Arten aber keine zusätzliche Wirkung entfalten, sie sind also »redundant« – mehrfach vorhanden, doppelt – zu bereits existierenden. Das allerdings darf kein Freifahrtschein für sorgloses Handeln sein. Wir neigen dazu, Arten streng an ihrem »Nutzwert« zu messen. Aber eine Art muss ihre Existenz nicht damit rechtfertigen, dass sie den Menschen nutzt, sie hat einen Wert an sich.

Mit jeder sterbenden Art geht ein Stück des Genpools auf der Erde verloren. Dabei wissen wir inzwischen, dass die mannigfachen Genstrukturen, die wir bei Weitem noch nicht umfassend entschlüsselt haben, von

Patente der Natur Die Natur hat im Laufe der Evolution häufig Lösungen für bestimmte Probleme gefunden, von denen der Mensch lernen kann. In den sechziger Jahren ist ein eigener Wissenschafts- und Technologiezweig entstanden, die Bionik – ein Wort, das sich aus Biologie und Technik zusammensetzt. Die Bionik erforscht besonders effektive Anwendungen oder auch körperliche Vorzüge der Tier- und Pflanzenwelt, um sie auf menschliche Zusammenhänge zu übertragen. Der »Lotuseffekt«, das Abperlen von Wasser auf Lotusblättern, kann für die Hersteller von wasserdichter Kleidung interessant sein. Die Libellen lehren uns etwas über den Bau von Hubschraubern. Die »Leichtbaukonstruktionen« vieler tierischer Knochengerüste lassen sich vielleicht einmal für den Flugzeugbau nutzen. Die Schuppenstrukturen von Haien, die diesen Raubfischen besondere Schnelligkeit und Wendigkeit ermöglichen, wird »kopiert«, um bei Flugzeugen den Luftwiderstand zu verringern.

unschätzbarem Wert sind. Mit der Vielfalt verlieren wir auch die Kenntnis, die die Natur über sehr lange Zeiträume als Reaktion auf bestimmte Lebenssituationen entwickelt hat. Mangrovenbäume zum Beispiel können auch salziges Wasser nutzen – sie haben sich an die Umstände in Küstengewässern angepasst. Wenn es uns gelänge, diese Fähigkeit zur Anpassung zu entschlüsseln, wäre das mit Blick auf die zunehmende Süßwasserknappheit von großer Bedeutung.

Die Natur selbst büßt mit zunehmendem Artenverlust möglicherweise auch nach und nach ihre Fähigkeit ein, sich in neue Gegebenheiten einzufügen – einfach mangels Masse: Wo weniger Arten leben, bleiben weniger Anpassungsmöglichkeiten. Pflanzen und Tiere sind weniger evolutionstauglich, lautet eine der Befürchtungen. Vielfalt bedeutet Stabilität; Einfalt erhöht das Risiko – das gilt für Natur und Kultur gleichermaßen.

»Benefit sharing«

Was aber kann getan werden, um den Schwund zu stoppen? Es müssten viel mehr Schutzflächen an Land und im Meer ausgewiesen werden – mindestens zehn Prozent –, für die detaillierte Nutzungskonzepte nötig wären; deren Einhaltung müsste anschließend auch überprüft werden

Geschützter Raum Schutzgebiete sind erforderlich, weil Tiere und Pflanzen dann in ihrem angestammten Lebensraum bleiben können; solche »Ökosysteme«, in denen verschiedene Tiere und Pflanzen in wechselseitiger Abhängigkeit zusammenleben, sind für den Erhalt der Vielfalt existenziell. In der Europäischen Gemeinschaft ist zur langfristigen Sicherung der Artenvielfalt ein System mit dem Namen »Natura 2000« durchgesetzt worden. Über eine Richtlinie für Flora, Fauna und Habitat, die so genannte FFH-Richtlinie, und über Vorschriften für den Vogelschutz sind die Mitgliedstaaten verpflichtet, solche Schutzgebiete auszuweisen, sie der Europäischen Kommission zu melden und zu erhalten. Die Umsetzung des Programms hat allen Mitgliedstaaten, auch Deutschland, erhebliche Schwierigkeiten bereitet, inzwischen allerdings sind hierzulande mehr als 5000 solcher Gebiete ausgewiesen und gesichert.

können. Weil den Entwicklungsländern die personellen und finanziellen Kapazitäten dafür fehlen, brauchen sie die Unterstützung der reichen Staaten. Übrigens liegt das auch in unserem ureigensten Interesse, da wir bisher am meisten von der Artenvielfalt profitieren.

Es ist eine einseitige Vorteilsnahme, wenn wir ausgerechnet von den Ärmsten den Schutz von Landschaft und die Pflege des Artenspektrums zum Nulltarif erwarten. Die Früchte müssen schließlich auch jene genießen können, die durch ihre Lebensweise dafür gesorgt haben, dass die Vielfalt der Arten und Gene erhalten blieb. Bisher kann sich jeder weitgehend kostenlos aus dem Reichtum der Schöpfung bedienen, und wir in den hochindustrialisierten Ländern machen vom Gen- und Wissenspool artenreicher Regionen eifrig Gebrauch, um daraus biotechnologischen Nutzen zu ziehen. Den Hütern der Vielfalt jedoch, die ihre Erfahrungen mit den Heilkräften der Natur oft über viele Generationen hinweg weitergegeben haben, kommen die Vorteile dieses Wissenssprungs kaum zugute. Die Konvention für Artenvielfalt enthält deshalb den Gedanken des »benefit sharing«, des geteilten Nutzens – auch für das überlieferte, ungeschützte Wissen der Einheimischen, das »indigeneous knowledge«. Diese Forderung muss verwirklicht werden.

Wer der Natur ihre Vielfalt sichert, leistet Erhebliches. In Deutschland gilt deshalb der so genannte »Vertragsnaturschutz«: Ein Landwirt, der seine Fläche naturgerecht bewirtschaftet, erhält dafür Geld – ein Beispiel, dem man wünschen möchte, auch in anderen Ländern Schule zu machen.

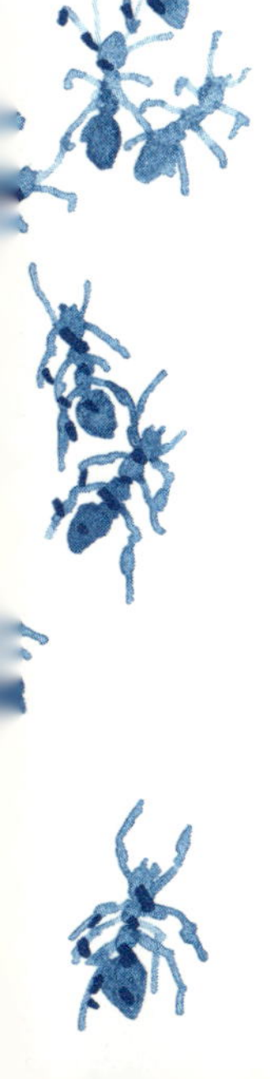

Am Kap der Guten Hoffnung

An der südlichen Spitze Afrikas, nahe dem Kap der Guten Hoffnung, erhebt sich der Tafelberg, der in seiner geologischen Formation einmalig und bekannt ist für seinen Reichtum an Tieren und Pflanzen. In Sichtweite des Berges liegt Robben-Island, in der Zeit der Rassentrennung, der »Apartheid« eine schreckliche Gefängnisinsel. Nelson Mandela wurde lange Jahre in diesem unmenschlichen Kerker gefangen gehalten. Er wollte die Erniedrigung der Schwarzafrikaner durch die weißen Siedler beenden. Letztendlich siegte er: Mandela wurde Südafrikas erster schwarzer Präsident.

Die Überwindung der Apartheid war ein wichtiger Schritt zur Beendigung der Ausbeutung des Menschen durch den Menschen. Die Ausbeutung der Natur durch den Menschen ist dagegen weiterhin Alltag in unserer Welt. Am Fuße des Tafelberges liegt einer der ältesten und bedeutendsten botanischen Gärten Afrikas: Kirstenbosch. Er sichert die Vielfalt dieser artenreichen Region. An einem Tag im Jahr 2005 hat hier ein Künstler ein riesiges Feld weißer Papierblumen in kleinen Glasvasen in die Erde »gepflanzt«. Jede Blume trägt einen Namen: den Namen einer ausgestorbenen Art. Ein kunstvoll gestalteter Friedhof als unübersehbares Mahnmal.

Wir müssen lernen, die Vielfalt der Menschen ebenso wie jene der Tiere und Pflanzen zu erhalten, zu akzeptieren und zu respektieren, sie der friedlichen Entwicklung und dem Zusammenleben zum Besten aller dienstbar zu machen. Denn Artenvielfalt ist kein Luxusartikel, im Gegenteil: Sie ist eine wesentliche Voraussetzung für die Überwindung von Armut und für Stabilität auf unserem Planeten. Die Natur ist der Reichtum der Armen. Und sie ist Grundlage für Leben, für das Überleben aller Menschen. Artenvielfalt zu sichern, ist deshalb auch eine große ethische Verpflichtung.

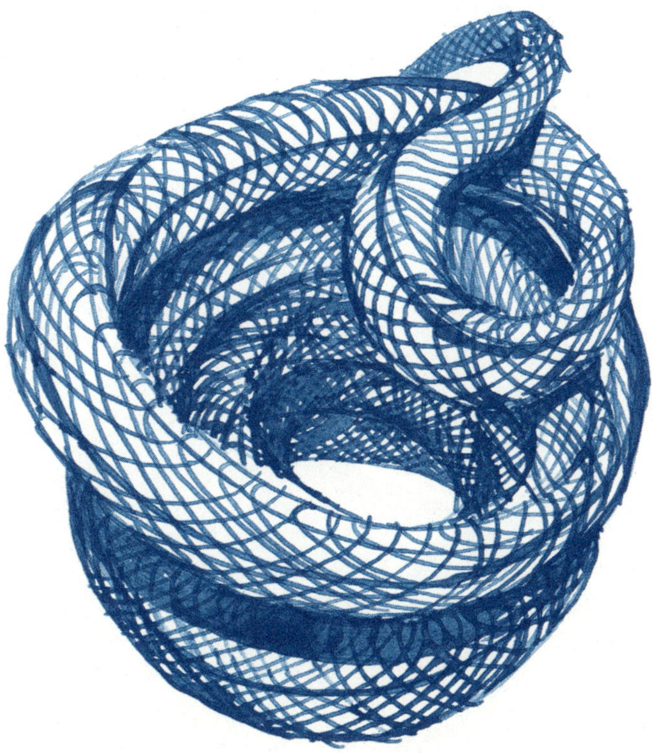

Piraten der Meere

Blauer Himmel, tiefblaues, kristallklares Wasser, als Taucher an den Korallenriffen entlangschnorcheln, die glitzernde Unterwasserwelt bewundern und abends im Fischrestaurant am Hafen fangfrischen Fisch genießen – so preisen die Prospekte der Reisebüros den Urlaub an südlichen Küsten an. Die Wirklichkeit sieht anders aus: Das Meer ist krank. Es verdreckt, hat Fieber, wird geplündert, es muss vieles schlucken, was ihm nicht bekommt, und die »Kinderstuben« für die ihm anvertrauten Lebewesen versauern. Der Patient ist längst reif fürs Krankenhaus – aber Heilung kaum in Sicht. Der Mensch, der für den schlechten Gesundheitszustand des Meeres verantwortlich ist, tut wenig, um dem Kranken zu helfen. Im Gegenteil: Er ist schuld daran, dass immer größere Gebiete an der Küste zu »Dead Zones« werden, zu Todeszonen, in denen alles Leben stirbt.

Hummer ist etwas für Feinschmecker mit dickem Portemonnaie, eine begehrte und meist teure Delikatesse. Vor nicht einmal zweihundert Jahren galten die Krustentiere in den Vereinigten Staaten noch als spottbillige, nicht besonders edle Speise. Gefängnisse und Waisenhäuser wurden damit beliefert; die Farmer düngten sogar mit zerschredderten Krebsen ihre Felder. Es gab sie ja im Überfluss, die Meere vor Amerikas Küsten waren voll davon. Erst als die Hummer rar wurden, landeten sie auf den Tellern der Reichen und Privilegierten. Um 1870 kostete eine Portion Hummer umgerechnet etwa drei Euro, hundert Jahre später schon 21 Euro und mehr. Ein ähnliches Schicksal ereilt mehr und mehr Meeresbewohner: Sie werden schneller gefischt oder gejagt als sie sich fortpflanzen können. Das Geschnatter der Delfine hören wir bald womöglich nur noch in Fernsehsendungen wie »Flipper«. Auch viele Speisefische werden immer weniger, schon seit Jahren warnen die Vereinten Nationen vor einer Überfischung der Meere.

Vielleicht ist es ihre Größe oder gewaltige Kraft, die uns über die Verletzlichkeit der Meere hinwegtäuscht: Denn Meerwasser bedeckt mehr als zwei Drittel der Erdoberfläche. Darunter gibt es eine ganze Welt, die wir kaum kennen, eine Landschaft mit kilometertiefen Kratern und hohen Gebirgen, so genannten »Seamounts«. Der »Mittelozeanische Rücken«, das längste Gebirgssystem unseres Planeten, schmiegt sich wie eine Kette um die Erdkugel und reicht vom Nordpolarmeer bis zum Atlantischen Ozean. Er ist viermal so lang wie die Anden, die Rocky Mountains und der Himalaja zusammen. Auch der größte Wasserfall befindet sich unterhalb der Meeresoberfläche, in der Nähe von Grönland im Nord-Atlantik – dreieinhalb Kilometer fällt das Wasser dort in die Tiefe.

Wie viele Ozeane gibt es? Der größte Teil der Erde ist von Salzwasser bedeckt. Deshalb erscheint unser Planet vom Weltraum aus gesehen als blaue Kugel mit braun-grünen Flecken – das sind die Kontinente Asien, Nordamerika, Südamerika, Afrika, Europa, Australien und die Antarktis. Die Ozeane gliedern sich in den Pazifik, den Atlantik und den Indischen Ozean. Manche rechnen auch noch den Arktischen und den Südlichen Ozean als eigenständig hinzu. Jeder Ozean wiederum besteht aus zahlreichen Meeren: Uns am nächsten gelegen sind das Mittelmeer, die Nord- und die Ostsee. Sie gehören zum Atlantik. Am größten aber ist der Pazifik, in ihm hätten alle Kontinente der Welt Platz. Manchmal allerdings trügt der Name, beim Toten Meer zum Beispiel: Umgeben von Jordanien, Israel und dem Westjordanland, enthält es so viel Salz, dass man beim Baden Zeitung lesen kann und nicht untergeht. Aber das Tote Meer ist überhaupt kein Meer, sondern ein abflussloser Salzsee, der vom Jordan gespeist wird. Dieser jedoch fördert wegen seiner »durstigen« Anrainer immer weniger Wasser bis ins Tote Meer. Als Folge sinkt der Wasserspiegel. Um dem abzuhelfen, gibt es umstrittene Pläne, nach denen aus dem Roten Meer über einen Kanal Wasser zum Toten Meer geführt und dabei gleichzeitig die Wasserkraft zur Energieproduktion genutzt wird.

Mensch und Meer

Angesichts der Urgewalten, die wir mit Meeren verbinden, ist es uns kaum vorstellbar, dass der Mensch ihnen etwas anhaben oder sie schwächen kann. In unseren Fantasien scheint eher das Meer den Menschen zu bedrohen. In früheren Jahrhunderten glaubten die Menschen gar an Ungeheuer, die sich urplötzlich aus dem Meer erheben würden, um ganze Schiffe mit Mann und Maus in die Tiefe zu ziehen; ob »Moby Dick« oder »Weißer Hai« – die Gefahr kam stets aus dem Wasser.

Lange ist es noch nicht her, dass wir selbst die zerstörerische Kraft zu spüren bekamen: An Weihnachten 2004 brach ein Tsunami, eine Riesenwelle, über Teile Asiens herein, der Hunderttausende tötete und vie-

Der weiße Wal »Moby Dick« ist weltberühmt. Der Abenteuerroman des amerikanischen Autors Herman Melville aus dem Jahr 1851 erzählt von der schicksalhaften Fahrt eines Walfangschiffes, dessen einbeiniger Kapitän Ahab den weißen Pottwal jagt, der ihm ein Bein abgerissen hat. Nach langer Irrfahrt über die Weltmeere spürt er ihn schließlich auf – und verliert den Kampf. Nur ein Besatzungsmitglied überlebt, auch Kapitän Ahab wird von Moby Dick unters Wasser gezogen.

len Menschen die Existenzgrundlage entzog. Ein Tsunami entsteht durch ein Seebeben, durch ruckartige Erschütterungen des Meeresbodens. Die langen, anfänglich flachen Wellen können kilometerweit übers Meer laufen, um sich dann an der Küste zu mächtigen Brechern aufzutürmen. Die Gewalt der tobenden Wassermassen war auch 2004 ein Schock. Sie schleuderten Schiffe an Land, zerstörten Häfen und walzten Häuser platt. Erdbeben-Messungen sollen helfen, betroffene Küstenbewohner künftig rechtzeitig zu warnen.

Tatsächlich aber droht größere Gefahr aus der umgekehrten Richtung: Der Mensch zerstört die Lebensräume der Meere. Hemmungslos plündert er ihre Schätze. Angesichts der Größe haben wir lange angenommen, die Reichtümer der Weltmeere seien unerschöpflich – ein Irrglaube. Die Meere sind bedroht, und das bleibt nicht ohne Folgen auch für den Menschen. Denn Ozeane bieten Nahrung, Energie und Rohstoffe zugleich. Eine wachsende Weltbevölkerung ist auf die Lebensmittel aus der Tiefe angewiesen. Fisch spielt bei einer gesunden und ausgewogenen Ernährung eine wichtige Rolle. Er liefert hochwertiges, leicht verdauliches Eiweiß und versorgt uns mit lebenswichtigen Vitaminen und Mineralstoffen. Grund genug für ein bis zwei Fischmahlzeiten pro Woche, wie zum Beispiel die deutsche Bundesregierung empfiehlt. Doch die Menschheit ist auf

dem besten Wege, den Vorrat dieses gesunden und schmackhaften Nahrungsmittels so auszubeuten, dass für künftige Generationen nicht mehr viel übrig bleibt.

Die Zahlen, die uns heute vorliegen, sind besorgniserregend: Drei Viertel aller Speisefische sind bereits überfischt oder an der Grenze dazu, wie die Welternährungsorganisation herausgefunden hat. Was knapp ist, wird teuer. Hohe Preise für die Beute aber erhöhen das Jagdfieber auf den bereits gefährdeten Bestand nur noch weiter. Thunfisch, Schwertfisch, Heilbutt und Kabeljau gehören bereits zu den gefährdeten Arten, sie wurden allein im letzten halben Jahrhundert auf die Hälfte reduziert. Nach Angaben der Internationalen Artenschutzunion hat sich der Fischverbrauch in den vergangenen vierzig Jahren weltweit mehr als vervierfacht – und er wird durch Bevölkerungswachstum und höheren Lebensstandard weiter steigen.

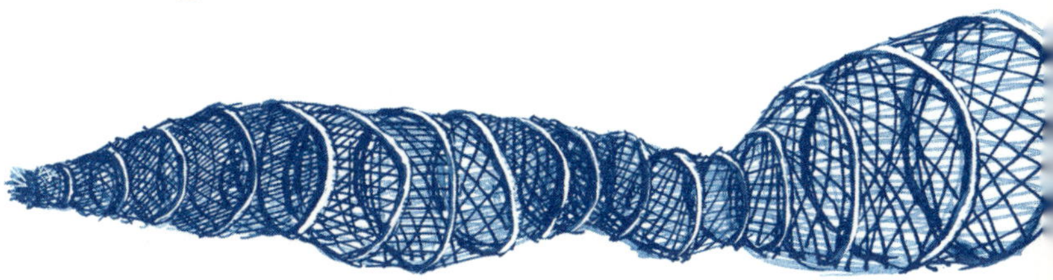

Überfischung – was heißt das? Der Begriff klingt unschön, aber er beschreibt schließlich auch eine unerfreuliche Tatsache: Überfischung kommt vom englischen Wort »overfishing«. Sie ist – vor allen anderen menschlichen Eingriffen – die Hauptursache für das massive Artensterben vieler Meeresbewohner. Heute werden Fische schneller aus dem Meer geholt, als sie sich natürlich fortpflanzen können, um den Bestand zu erhalten. Denn der Mensch ist gefräßig: Meerestiere machen inzwischen zwanzig Prozent ders tierischen Eiweiß aus, das wir täglich zu uns nehmen. Große Bedeutung hat der Fisch als Nahrungsquelle für die Küstenbewohner der armen Länder des Südens; er ist dort ein entscheidender und unverzichtbarer Proteinlieferant. Deshalb ist das Überfischen für die Menschen dieser Weltregionen doppelt hart. Obwohl sie kaum jemals von zweifelhaften Fangmethoden Gebrauch machen, werden sie Opfer von illegalen und rücksichtslosen Raubzügen.

Schwimmende Fabriken

Die Kapazität der weltweiten Fischereiflotten ist bereits 250 Mal größer als sie für eine kluge Nutzung der Bestände sein dürfte. Den Fischen wird nicht ausreichend Zeit für Nachwuchs gelassen. Das hat nicht nur mit dem großen Hunger der Menschen zu tun – sondern auch mit der Fischindustrie selbst, die bei ihren Jagdzügen häufig rücksichtslose Methoden anwendet. So genannte Beifänge nimmt sie billigend in Kauf. Fische, die unbeabsichtigt mitgefangen werden, wirft man schwer verletzt oder tot ins Meer zurück. Haie und Wale verfangen sich oft in den ausgelegten Netzen und sterben dann einen qualvollen Tod. Schätzungsweise jeder vierte Fisch ist ein »Irrläufer«. Auch die Grundnetzfischerei, bei der Netze in einer Tiefe von bis zu 2000 Metern am Boden entlanggezerrt werden, richtet enormen Schaden an. An die Fangnetze, die mehrere Kilometer lang sein können, sind schwere Metallplatten und Gummirollen angebracht, auf denen sie über den Meeresgrund geschleppt werden. Die Methode ähnelt einer Rasur des Meeresbodens, weil dabei ohne Rücksicht auf Verluste alles glattgewalzt, abgerissen und durcheinandergewirbelt wird.

Zwar arbeitet die Mehrzahl der etwa 3,5 Millionen Fischerboote, von denen die meisten in asiatischen Meeren tuckern, immer noch eher traditionell. Es sind Familienbetriebe, bei denen die Männer früh hinaus aufs Meer fahren und mit etwas Glück ein paar Kilo Fisch zurückbringen. Ihre Frauen verkaufen ihn anschließend auf dem örtlichen Markt. So jedenfalls war es früher fast überall auf der Welt – man lebte im Einklang mit der Natur, nutzte sie nachhaltig und mit Bedacht. Heute müssen die kleinen Fischer für die gleiche Ausbeute immer weiter hinausfahren und immer länger auf See bleiben, oft über Nacht. Denn die Weltmeere werden von einigen Zehntausend Fangschiffen beherrscht, die, mit modernster Technik ausgerüstet, ihre Beute präzise orten und dann gezielt abgreifen. Dafür setzen sie meist Sonartechnik ein, die den Schall im Wasser misst und dadurch Hinweise auf größere Fischschwärme gibt. Starke Motoren können kilometerlange Netze durch die Meere ziehen. Sie gleichen schwimmenden Fabriken, die Beute wird sofort verarbeitet, verpackt und in großen Kühlsystemen gelagert.

Auf ihr Konto gehen wahrscheinlich mehr als die Hälfte aller Fischfänge – oft auch noch illegal, für viele ihrer Raubzüge haben sie gar keine Lizenz. Denn in den ersten 200 Meilen eines Seegebiets liegen die Fischereirechte ausschließlich beim Anrainerstaat. Wer trotzdem dort fischen möchte, braucht dafür eine Genehmigung. Aber nicht alle Länder kontrollieren ihre Meeresgebiete – oft fehlen ihnen einfach die Mittel dazu –, manche haben auch zu großzügige oder gar keine Fangquoten festgelegt. Deshalb fahren Schiffe großer, leergefischter Gründe, etwa aus den USA, Japan oder der EU, gern mit einer so genannten »Billigflagge« aus Honduras oder Belize, um Zugang zu Fanggebieten zu erhalten, in denen sie eigentlich gar nicht fischen dürften. Auch vor den Küsten Afrikas tauchen immer häufiger Flotten auf, die hier nichts zu suchen haben. Ihre genehmigten Fanggebiete haben sie bereits leergefischt – sie sind die modernen Piraten der Meere.

In der Europäischen Union gibt es eine gemeinsame Fischereipolitik, die Fangquoten festsetzt und vergibt. Allerdings haben Länder wie Frankreich, Großbritannien oder Spanien, in denen die Fischerei einen wichtigen Wirtschaftszweig darstellt, bisher stets darauf geachtet, dass die Quoten nicht zu niedrig ausfallen.

Manche Experten glauben, eine ganz andere Lösung gefunden zu haben, um die zunehmende Überfischung künftig zu verhindern: Fischfarmen. Dort züchtet man Fische direkt für den Verkauf und Verzehr.

Der unschöne Beifang bleibt aus. Klingt einleuchtend, bleibt aber nicht ohne Folgen: Denn auch diese Fische müssen gefüttert, ja gemästet werden. Bisher verwendet man dafür vornehmlich Fischmehl, gepresst in Pellets. Mehr als 30 Millionen Tonnen Fisch aus dem Meer braucht man, um dieses Mehl für alle Fischfarmen herzustellen. Für ein Kilo Lachs sind nach einer Faustformel etwa vier Kilo Wildfisch nötig, die oft aus weit entfernten Meeresgebieten kommen. Da beißt sich der Fisch gewissermaßen in die eigene Schwanzflosse. Hinzu kommt: Was sie geschluckt haben, müssen auch Fische wieder verdauen. Bei 200 000 Lachsen auf engstem Raum fällt ein Volumen an Fäkalien an, das eine mittlere Kleinstadt produziert. Die Wasserqualität lässt dementsprechend oft zu wünschen übrig; die Gefahr von Seuchen und Krankheiten wächst. In vielen Fischfarmen kamen lange Zeit, oft noch bis heute, auch erhebliche Mengen Medikamente zum Einsatz, vor allem Antibiotika – bei Massentierhaltung kaum zu vermeiden. Die Folge: Importverbote. Die Europäische Union zum Beispiel untersagte 1997 wochenlang die Einfuhr von Shrimps aus Indien und bewirkte so Änderungen in der Produktion.

Besonders problematisch sind Anlagen, für die Mangrovenwälder weichen müssen, um Shrimp-Farmen einzurichten. Denn Mangrovenwälder erfüllen wichtige Aufgaben als »Kinderstube« vieler Fische, als Schutz gegen Sturmfluten und als Lebensgrundlage für die einheimische Bevölkerung. Zumal die Shrimp-Farmen oft nur für eine begrenzte Zeit genutzt und anschließend wieder aufgegeben werden. Zurück bleibt zerstörte, ausgelaugte Natur, ganz so, als könne man sie ohne jeden Preis schnell »verschlingen« und dann »wegwerfen«.

Fischfarmen, »Aquakulturen« auf See, in Binnengewässern und in Bassins können zwar die Ernährung der Menschheit sichern helfen, aber nur, wenn sie entsprechend gepflegt sind und ein Teil des Futters aus pflanzlichen Produkten oder aus Mehl besteht, das aus Fischabfällen, wie Köpfen oder Schwänzen, hergestellt wurde. Die Hoffnungen richten sich nun auf Anlagen weiter draußen im Meer. Riesige, ins Wasser gelassene Käfige sollen für »natürlichere« Lebensverhältnisse sorgen. Allerdings ist der technische Standard dieser »Offshore-Farmen« bei weitem nicht ausgereift, die Folgen für die Meeresumwelt sind noch nicht hinreichend erforscht. Für stürmische Gebiete sind sie ohnehin ungeeignet; Wind und Wellen können sie schnell zerstören. Die Zukunft der Aquakulturen liegt deshalb vorerst eher an Land. Doch nach dem Vorbild der Bio-Landwirtschaft muss sich hier auch eine Bio-Fischwirtschaft entwickeln, die ihre Bestände garantiert kontrolliert »aufzieht« und pflegt.

Ölpest und andere Katastrophen

Am 23. März 1989 befand sich der Öltanker »Exxon Valdez« auf seinem Weg von Alaska nach Kalifornien. Der 300 Meter lange Gigant hatte 163 000 Tonnen Rohöl an Bord. Kurz nach dem Auslaufen ordnete Kapitän Joseph Hazelwood an, vorübergehend die normale Schiffsroute zu verlassen, um Eisbergen auszuweichen. Anschließend legte er sich schlafen und überließ das Kommando einem der Offiziere.

Aus ungeklärten Gründen kehrte das Schiff nicht auf seinen alten Kurs zurück. Das Unglück nahm seinen Lauf: Kurz nach Mitternacht rammte die »Exxon Valdez« das »Bligh Riff« vor der Südküste Alaskas – etwa 40 000 Tonnen Rohöl liefen aus. Ein Sturm verteilte den Ölteppich auf einer Länge von mehr als 70 Kilometern, etwa 2000 Kilometer Küste wurden stark verschmutzt. Schätzungen zufolge verendeten dabei eine Viertel Million Seevögel, Tausende von Seeottern sowie 300 Robben und 22 Schwertwale.

Nach Angaben von Greenpeace sind die Folgen auch fast zwanzig Jahre später erkennbar. Immer noch finden sich Ölreste an den

Küsten. Auch die Bevölkerung wurde hart getroffen. Die Wirtschaft einer ganzen Region, die vom Meer lebte, brach für Jahre zusammen. Ähnliche Szenen spielten sich im Jahr 2002 in Europa ab, als die »Prestige« vor Spaniens Küste auseinanderbrach und sich 70 000 Tonnen Schweröl in den Atlantik ergossen. Das Unglück löste die größte Umweltkatastrophe der spanischen Geschichte aus. Wie in Alaska kam die Fischereiwirtschaft zum Erliegen, die Existenz vieler Familien wurde vernichtet, und Hunderttausende Seevögel starben.

Überfischung und berstende Öltanker sind nicht die einzigen Gefahren, die den Weltmeeren drohen. Die Schadstoffmenge, die durch Schiffs-Havarien über riesige Ölteppiche ins Meer gelangt, ist eher gering im Vergleich zur Belastung durch Haushalts- und Gewerbeabwässer, städtische und industrielle Abflussrohre, Rückstände aus dem Bergbau sowie Dünger und Pestizide aus der Landwirtschaft. In den Städten der Entwicklungsländer fließen Schätzungen zufolge 90 Prozent des Abwassers ohne jede Reinigung in Flüsse, Seen und Meere.

Die Müllkippe

An die Strände der Nordsee werden jedes Jahr Tonnen von so genanntem Zivilisationsmüll geschwemmt: Plastiktüten, Trinkflaschen, Tuben, Behälter und Becher finden ihren Weg zurück zum Verursacher. In jedem Quadratkilometer Meer schwimmen etwa 30 000 Plastikteile, wie die Internationale Naturschutzunion errechnet hat. Meerestiere verwechseln den umhertreibenden Müll gelegentlich mit Nahrung und gehen daran zugrunde.

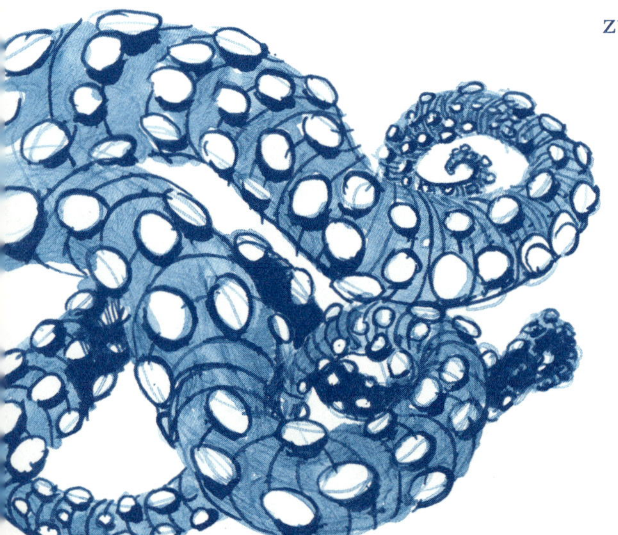

Gefährlich sind auch Düngemittel, die oft übermäßig genutzt, bei starkem Regen aus den Böden in

die Flüsse geschwemmt werden und dann ins Meer gelangen. Algen nehmen sie als Nährstoffe auf und wachsen massenhaft. Dadurch sinkt der Sauerstoffgehalt, Bakterien und Pilze vermehren sich. Beides kann andere Meeresbewohner empfindlich treffen. Im Extremfall »kippt das Wasser um« – alle Lebewesen, die Sauerstoff benötigen, sterben ab. Besonders an den Mündungsgebieten großer Flüsse, in die viel Abwasser eingeleitet wurde, entstehen dann mitunter tote Zonen, in denen kein Leben mehr existiert. Hauptverantwortlich für solche Verschmutzungen ist unter anderem die Landwirtschaft – und damit indirekt jeder von uns Verbrauchern. Auch die chemische Industrie lässt Riesenmengen an Abfällen im Meer versinken.

Zu lange schon geht der Mensch lieblos mit den Weltmeeren um. Er hat sich ihrer bedient, sie als Speisekammer, Rohstoffreservoir, als Müllhalde und als Freizeitpark gebraucht, ohne ernsthaft über die langfristigen Folgen nachzudenken. Noch vor einem Jahrhundert haben die Ozeane völlig anders ausgesehen: Eine kanadische Forscherin weiß zu berichten, dass in ihrer Heimat, der Bay of Funday, damals noch Seewölfe und große Kabeljaue direkt vor der Küste gelebt hätten. Die Ortsansässigen seien nur wenige Seemeilen aufs Meer hinausgefahren – und hätten bereits Delfine, Haie und Schwertfische sichten können. Heute dagegen befinde sich in der Bay fast nur noch Tang. Ein Beispiel unter vielen.

Wandel vor der Haustür Das norddeutsche Wattenmeer kennen wir als Landschaft mit einem hohen Erholungswert. Dabei erinnert ihr heutiger Zustand nur noch entfernt an den früheren Naturraum. Wo sich heute Schlick und Wurm breitmachen, wuchsen vor einigen hundert Jahren üppige Austernbänke, Seegraswiesen und Sandkorallenriffe. In den flacheren Küstenstreifen tummelten sich verschiedene Walarten. Dort, wo Elbe, Weser, Ems und Rhein ins Meer eintreten, flogen einst Krauskopfpelikane und Silberreiher auf. Auch wenn diese Landschaft immer noch reizvoll ist, hat sie sich doch in ihrer Artenvielfalt verändert.

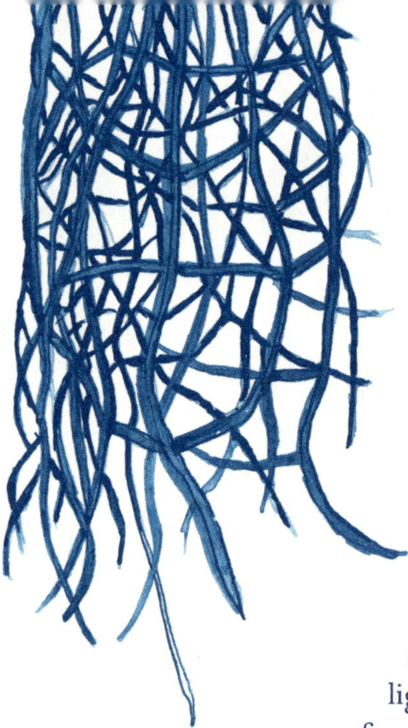

Null-Nutzung

Weil die »Entleerung« der Meere die Ernährungssicherung der Welt und das Ökosystem unter Wasser empfindlich beeinträchtigt, fordern Wissenschaftler inzwischen einmütig, zügig gegen die maritimen Raubzüge vorzugehen. Schärfere Kontrollen an Bord der Schiffe zählen zu den Maßnahmen, über die man nachdenkt. Sie ließen sich mit modernen Satellitengeräten relativ leicht bewerkstelligen, würden aber die Zusammenarbeit aller am Fischfang beteiligten Länder voraussetzen. Und die gibt es derzeit noch nicht. Außerdem werden gezieltere Techniken gefordert, um den Beifang zu vermindern.
Vor allem aber hoffen Meeresbiologen auf so genannte »Null-Nutzungs-Zonen«: Gebiete, in denen der Fischfang total verboten ist. Weniger als ein Prozent der Weltmeere steht derzeit unter strengem Schutz. Manche Experten empfehlen zehn, andere mindestens zwanzig Prozent solcher Reservate, die sich mosaikartig mit Gebieten intensiven Fischfangs abwechseln sollen. Dadurch könnten sich die Fischbestände erholen.

Wie wirksam solche Schutzgebiete sein können, zeigt ein Beispiel aus Neuengland: Vor zehn Jahren erklärten die Behörden einen Teil von Georges Bank vor der nordamerikanischen Ostküste zum maritimen Schutzgebiet. Einst gehörte Georges Bank zu den fischreichsten Gebie-

Abschied vom Kabeljau Der Kabeljau ist weder schillernd noch schön. Er ist gräulich, hat einen lang gestreckten Körper mit mehreren dicht beieinanderstehenden und abgerundeten Rückenflossen sowie je einer Bauch- und Afterflosse. Ansehnlich ist er nicht, aber der Fisch schmeckt gut, lässt sich leicht lagern und war früher auch verhältnismäßig mühelos zu erbeuten. Bis vor etwa dreißig Jahren gehörte er zu den meist verbreiteten Fischarten der Welt. Inzwischen geht sein Bestand so sehr zurück, dass er vom Aussterben bedroht ist – Kabeljau dringend gesucht.

ten der Welt, angeblich konnten die ersten Europäer, die dorthin segelten, den Kabeljau noch körbeweise aus dem Meer ziehen, so reichhaltig war der Bestand. Doch im Laufe der Zeit wurde die Ausbeute immer magerer, bis einige Arten schließlich auszusterben drohten, darunter Kabeljau, Schellfisch und Heilbutt. Dann endlich reagierten die Verantwortlichen und sperrten Teile des Gebiets für den kommerziellen Fischfang. Das Ergebnis nach zehn Jahren: In der geschützten Zone leben heute zehnmal mehr Muscheln als in der Umgebung. Auch die Fischbestände erholen sich langsam. Die verordnete Meeresruhe scheint zu wirken und macht Mut, diesem Beispiel in anderen Gegenden zu folgen. Speisefische wie Hering oder Seelachs könnten künftig in sorgsam ausgewählten Fischereizonen gefangen werden, die ähnlich der früheren »Dreifelderwirtschaft« nach einigen Jahren wechseln.

Wenn das Meer sauer wird

Die Meere versorgen uns nicht nur mit wertvollen Roh- und Nahrungsstoffen, sondern sie sind auch extrem wichtig für Wetter und Klima. Etwa ein Drittel des CO_2, das hauptsächlich durch den Menschen, durch die massenhafte Verbrennung von Öl, Kohle und Gas, in die Atmosphäre gejagt wird, bindet das Meer. Das entlastet unser Klima, wir Menschen profitieren davon, das Meer aber leidet darunter. Seine Chemie verändert sich durch die steigende Kohlendioxid-Konzentration: Das Meer wird sauer.

Der höhere Säuregehalt beeinflusst zum Beispiel die Kalkbildung und verursacht dadurch Veränderungen in einer langen Reihe sensibel aufeinander abgestimmter Lebensketten. Die faszinierenden bunten Korallenriffe, die wegen ihres Artenreichtums oft als »Regenwälder der Meere« oder als »Kinderstube für Fische« bezeichnet werden, sterben ab. Mit ihnen verliert das Meer wichtige Schutzsysteme, die verhindern, dass die ohnehin begrenzten Grundwasservorräte in Küstenregionen versalzen.

Das Wasser der Meere ist – wie das der Flüsse – ständig in Bewegung. Strömungen und Gezeiten sorgen für einen steten Austausch von Wassermassen und von Kalt und Warm. Der Klimawandel hat jetzt schon zu einer besorgniserregenden Erhöhung der Wassertemperatur geführt – Tendenz steigend. Das Meer hat Fieber. Da wärmeres Wasser ein größeres Volumen als kälteres aufweist, steigt der Meeresspiegel. Dieser Anstieg wird noch dadurch verstärkt, dass höhere Durchschnittstemperaturen der Erde das Polareis schmelzen lassen. Lange wird es nicht mehr dauern, bis die Permafrostböden in der Arktis aufgetaut sind. Hurrikane und Überschwemmungen sind jetzt schon sichtbare Folgen der Meereserwärmungen. Wenn das »ewige Eis« schmilzt, wird darüber hinaus ein weiteres Treibhausgas freigesetzt, das über Tausende von Jahren im Eis gebundene Methan.

Es braucht nicht viel Fantasie, sich vorzustellen, was dann geschieht: Küstenlinien werden verschwinden, kleine Inseln wie die Malediven im Meer versinken. Dabei sind gerade Regionen am Wasser jahrhundertelang besonders attraktive Gebiete für Handel, Gewerbe, Tourismus, Fischwirtschaft und Gütertransport gewesen, deshalb leben auch so viele Menschen in Küstennähe – und es werden immer mehr. Viele dicht besiedelte Gebiete liegen jetzt schon auf der gleichen Höhe wie der Meeresspiegel. Bei Überschwemmungen werden Länder wie Bangladesch, das mit vielen Millionen Küstenbewohnern auch noch zu den Ärmsten dieser Welt zählt, keine Chance haben: Sie können die riesigen Summen, die nötig wären, um sich vor dem eindringenden Wasser zu schützen, nicht aufbringen; Dämme sind teuer. Viele Menschen aus solchen Staaten werden gezwungenermaßen zu »Meeresflüchtlingen«, die sich eine neue Heimat suchen müssen. Spannungen aller Art sind vorgezeichnet.

Die »blaue Revolution«

Der »Philosoph des technischen Zeitalters« Hans Jonas hat schon vor Jahren gewarnt, der Mensch sei eine größere Gefahr für das Meer als das Meer je für den Menschen war. Die Krankheit der Meere ist sichtbar, fühlbar, messbar und analysierbar. Harte Fakten geben Jonas recht. Die Gebiete an der Küste, in denen es durch Düngemittel, Stickoxide und Abwassercocktails aus chemischen Schadstoffen und Schwermetallen zu massenhaftem Fischsterben kommt, nehmen zu und wachsen weiter.

150 solcher »Todeszonen«, in denen alles Leben erstirbt – wie zum Beispiel das Küstengebiet vor der Mississippi-Mündung –, muss das Meer bereits jetzt verkraften.

Sollten die Menschen angesichts des kranker und kranker werdenden Patienten nicht endlich anfangen, pfleglicher mit dem Meer umzugehen? Denn auf die Schätze der Tiefe können wir nicht verzichten. Aber auf den Weltmeeren tobt ein Konflikt zwischen Schutz und Nutzung, für den immer wieder neue Lösungen gefunden werden müssen. In der Nordsee zum Beispiel liegen Kabeltrassen und Ölplattformen, Schifffahrtswege, geplante Offshore-Windparks, Sandabbau- und militärische Übungsgebiete auf engstem Raum beieinander. Das wird man nicht einfach rückgängig machen können und wollen. Aber dazwischen, daneben und dahinter könnten, ja müssten, wechselnde Schutzzonen eingerichtet werden, in denen das Leben im Meer den Eingriffen des Menschen entzogen bleibt, damit sich die Bestände erholen können. Wir müssen den Fischfang reduzieren und die Fangmethoden verändern. Der Einsatz von Düngemitteln muss genauso wie der Kohlendioxid-Ausstoß reduziert, die Anzahl der Kläranlagen hingegen kräftig erhöht werden. Experten haben den notwendigen Umschwung auf eine schlichte Formel gebracht: Es ist Zeit für eine »blaue Revolution«, damit die Genesung des »Patienten« vorankommt, bis er vielleicht eines Tages sogar wieder aus dem Krankenhaus entlassen werden kann.

Weg mit dem »Wegwerf-Prinzip«

Was werfen wir nicht alles weg! Kleidung, Radiogeräte, Bücher. Reparieren? Dafür sind viele Hightech-Produkte, wie Uhren, Radios, Kühlschränke, Computer, nicht gemacht. Unsere Schuhe tragen wir, wenn die Sohle durchgelaufen ist, nicht mehr zum Schuster, denn Reparaturen sind teuer, und Schuhmacher gibt es kaum noch. Umso wichtiger ist es, Dinge, die wir nicht mehr brauchen oder »heilen« können, wieder oder anders zu verwerten, ihnen ein neues Produkt-Leben einzuhauchen. Bei uns geschieht das schon: Die Kreislaufwirtschaft ist bereits rechtlich abgesichert. Wir sammeln getrennt, die Wiederverwertung der im Müll enthaltenen Rohstoffe wird systematisch vorangetrieben. »Reduce, reuse, recycle« – »vermeiden, wiederverwerten, recyclen« – lautet die Maxime. In anderen Teilen der Welt aber, vor allem dort, wo die Ärmsten zu Hause sind, ist das Wiederverwerten oftmals Teil einer inoffiziellen Schattenwirtschaft: In den »Meta-Citys« Bombay (Mumbai) oder Dhaka suchen Menschen die gigantischen schwelenden Müllhalden nach allem ab, was einige Cent bringt: Papier, Schrott, Knochen, Holzreste. Sie leben vom Müll, der doch zugleich ihre Gesundheit ruiniert. Die Meta-Citys zeigen, was die Zukunft bringen wird: Je mehr die Weltbevölkerung wächst, desto höher werden die Müllberge. Wohin damit? Muss, darf das so bleiben?

In jedem guten Krimi wühlt ein eifriger Detektiv irgendwann in der Mülltonne herum, weil er sich vom Stöbern im Abfall wichtige Hinweise auf den Täter erhofft, vielleicht sogar den Fund der Waffe oder eines blutbefleckten Hemdes. Dabei kann der Schnüffler auf eine alte Erkenntnis vertrauen: Wir hinterlassen die deutlichsten Spuren dort, wo wir am unachtsamsten sind – bei dem, was wir wegwerfen. Unsere Mülleimer verraten mehr über unsere Gewohnheiten und Schwächen als uns lieb sein kann. Pappschachteln lassen auf häufigen Pizzagenuss eines vermutlich gestressten Stadtbewohners schließen, Zeitungen auf den gut informierten und politisch interessierten Mitbürger, Spritzen auf Diabetiker oder Drogenabhängige.

Nicht nur Detektive, auch Archäologen können aus den Abfallbergen vergangener Zeiten genauere Rückschlüsse auf die Lebensweise von Menschen ziehen. Müll gab es schon immer. Wo Menschen leben, hinterlassen sie Dinge, die ihnen lästig geworden sind. Früher fiel das nicht so auf, weil wir nur wenige und die meisten Menschen Nomaden waren, die einfach weiterzogen. Zum Problem ist der Müll erst geworden, seit wir so viele auf Erden und sesshaft geworden sind. Der Unrat musste nun verschwinden, er stank und verschmutzte Wasser und Boden. So entstanden die ersten Müllberge, die – da der Platz bald

Wie 17 500 VW Golfs Wie viel 6,5 Milliarden Menschen an einem einzigen Tag wegwerfen, weiß man nicht genau, schon weil vieles davon ungeregelt oder unerlaubt verschwindet. Aber je mehr produziert, gehandelt und verkauft wird, desto mehr Abfall entsteht – jedenfalls bisher noch. So ist zum Beispiel die Herstellung gefährlicher und giftiger Stoffe allein in den USA zwischen 1970 und 1990 von 9 auf 238 Millionen Tonnen gestiegen. Oder: Die New Yorker produzieren täglich 26 000 Tonnen Müll. Das entspricht etwa 17 500 VW Golfs. Nicht viel weniger fällt mit 20 000 Tonnen täglich in Mexiko-Stadt an – genug, um die riesige Fußball-Arena, das Azteken-Stadion, jeden Monat viermal zu füllen.

nicht mehr reichte – in verschiedenen Schichten übereinandergehäuft wurden. Auf ihnen bauten später wieder Menschen ihre Hütten und Häuser. Die Türkei und der Nahe Osten sind voll von den Resten solcher Siedlungshügel, die Wissenschaftler »Tell« nennen. Berühmtestes Beispiel ist das alte Troja (3000 vor Chr. bis 500 nach Chr.). Dort wurden bei Ausgrabungen neun aufeinandergebaute Siedlungsschichten freigelegt. Auch für das moderne New York haben Archäologen herausgefunden, dass der Straßenhorizont von Manhattan heute fast zwei Meter höher liegt als vor 350 Jahren, die Stadt ist auf Bauschutt und Abfall gewachsen. Erst Ende des 19. Jahrhunderts hat man dort damit begonnen, den Dreck systematisch zu entsorgen.

Unser Müll

Zwar bauen wir in Europa unsere Siedlungen heute gewöhnlich nicht mehr auf Müll, sondern vergraben ihn in Deponien oder verbrennen die Reste, aber wir hinterlassen immer noch zu viel davon: Im Schnitt wirft jeder Bundesbürger 456 Kilogramm pro Jahr in seine verschiedenfarbigen Tonnen. Das entspricht knapp eineinhalb Kilogramm am Tag und ist etwa doppelt so viel wie im Jahr 1950, aber noch längst nicht alles.

»Abprodukte« In der ehemaligen DDR sprach man nicht von »Abfällen«, sondern von »Abprodukten«, sie wurden immer noch als »Produkte« – und damit als wertvoll – erachtet. Der Mangel an Rohstoffen zwang die DDR zu ersten Ansätzen einer Kreislaufwirtschaft: In kleinen Annahmestellen wurden die in den Abfällen enthaltenen Rohstoffe gesammelt, man bekam ein wenig Geld dafür, sie wurden dann einem neuen Gebrauch zugeführt.

Dazu kommen Bauschutt, Gewerbeabfälle, Überreste aus dem Bergsowie Straßenbau und anderes mehr, sodass sich der Müll in Deutschland insgesamt auf knapp 370 Millionen Tonnen – das sind etwa eine Million Tonnen jeden Tag – auftürmt. Eine stattliche Menge und immer noch zu viel. Tatsächlich aber sinkt das Aufkommen hierzulande seit einigen Jahren. Damit stehen die Deutschen innerhalb Europas jedoch fast allein. Insgesamt nämlich wächst die Menge dessen, was die Menschen als überflüssig betrachten. Allein an Verpackungsmüll verbraucht der EU-Bürger jährlich 172 Kilogramm, nicht gerechnet all die anderen Dinge, die in den Müllcontainer wandern – Bananenschalen, Brotreste, Blusen oder Bücher, Tendenz steigend.

Meistens befinden sich im Müll zahlreiche Stoffe, die weiterhin nützlich sein könnten. Deshalb werden bei uns zumindest die Wurstpelle, die Weinflasche oder der Wecker nicht einfach achtlos in einen Behälter geworfen, sondern in verschiedenfarbige Tonnen sortiert und wiederverwertet. In Deutschland kommt heute bereits mehr als die Hälfte unserer Reste auf die eine oder andere Weise noch einmal zum Einsatz: Papier als Zeitung, Glas als Flasche, organischer Abfall als Kompost, und Kunststoffe wie Metalle werden eingeschmolzen, um wieder verwertet zu werden. Auch Fön, Toaster, Handy und Bügeleisen dürfen nicht mehr im Restmüll enden; seit dem Frühjahr 2006 gibt es ein neues Gesetz über den Umgang mit Elektronikschrott, der ordnungsgemäß bei bestimmten Abgabestellen entsorgt werden muss. Das ist nicht als

Kreislaufwirtschaft Von allein ist die Kreislaufwirtschaft, die »life cycle economy« nicht in Gang gekommen. Das getrennte Sammeln von Müll und die Verpflichtung der Hersteller zur Rücknahme solcher Produkte, die nutzbringend wiederverwertet werden können, wurden rechtlich vorgeschrieben, zum Teil auch in der Europäischen Union. Diese »Produzentenverantwortung« bewirkt, dass alle Erzeugnisse von Anfang an so geplant und hergestellt werden, dass sie nach ihrem Gebrauch leicht in Einzelteile zerlegt werden können und wieder verwertbar sind. Dadurch spart man Kosten und wird wettbewerbsfähiger. In Deutschland zeugen die »gelben Säcke« vor den Haustüren schon länger davon, dass die Kreislaufwirtschaft funktioniert, auch getragen vom gestiegenen Umweltbewusstsein der Bürger. Der »Grüne Punkt« auf einem Produkt, einer Verpackung zeigt seitdem an, dass dafür bereits eine Entsorgungsgebühr gezahlt wurde. Dadurch gingen die Abfallmengen zurück. Gleichzeitig entstanden neue Techniken der Wiederverwertung – immer ausgeklügeltere Maschinen trennen heute unseren Müll sortenrein. Die Preise für diese »Sekundärrohstoffe« steigen; das macht die Wiederverwertung attraktiver. Müllgebühren gehören vielleicht schon bald der Vergangenheit an.

Schikane zu werten, sondern als wirtschaftlich sinnvolle Maßnahme, denn solche Geräte enthalten wertvolle Rohstoffe wie Kupfer oder Aluminium, die man nicht verschwenden will, nicht einfach wegwerfen darf. Deshalb gehören sie auf einen Recyclinghof oder in eines der »Schadstoff«-Mobile, die es überall in Deutschland gibt. Auch Schwermetalle wie Blei oder Quecksilber entsorgt man am besten dort.

Alles, was über den normalen Hausmüll hinausgeht, sollte nicht in die Tonne gestopft oder gar die Toilette hinuntergespült werden: Das gilt für Farben und Lacke (auch Nagellackentferner), Batterien und Akkus, abgelaufene Tabletten und Tropfen. Man bringt sie zum Recyclinghof, in grüne Sammelboxen oder zur Apotheke. So bleibt der Restmüll möglichst gering, Kreisläufe werden hergestellt, die viele Stoffe einbeziehen.

Dabei hilft moderne Technik, sodass auch gelbe, grüne und graue Tonne irgendwann überholt sein könnten. Die Sortiermaschinen in den

Space-Müllabfuhr Nicht nur auf der Erde, auch im Weltraum hinterlässt der Mensch immer mehr Müll. Nach einer Nasa-Studie umkreisen allein 1300 Raketenteile den Globus. Dazu kommen mehrere Tausend Satelliten, Sonden und Raumstationen, von denen höchstens noch ein Viertel den Befehlen der Kommandostationen gehorcht. Die wachsende Zahl der Trümmer und Wracks stellt nicht nur für Astronauten eine Gefahr dar, weil sie schnell zu tödlichen Geschossen werden können. Experten nehmen an, dass der Himmel über uns irgendwann umschlossen sein wird von einer rasenden Mauer. Sie fordern deshalb eine Art Space-Müllabfuhr. Denkbar wäre zum Beispiel, ausgediente Satelliten auf »Friedhofsorbits« zu verschieben – auf Abstellgleise im All.

Müllentsorgungsanlagen werden technisch immer raffinierter und erhöhen fortwährend ihre Ausbeute. Mit Infrarot lassen sich Kunststoffe herausfiltern, Magnete angeln Metalle, was sich bei dem weltweit steigenden Bedarf an Stahl, Kupfer und anderen Rohstoffen zunehmend auszahlt. Irgendwann kommt vielleicht alles, mit Ausnahme von Papier, weil das verrottet, in eine Tonne, wird dann zu technisch ausgefeilten Sortier- und Wiederaufbereitungsanlagen transportiert und dort maschinell auf Nutzbares durchforstet. Den Rest verarbeitet man zu brennbarem Granulat, das als Energielieferant dient, oder lässt es zu Biogas gären. Übrig bliebe – fast nichts. Und: diese Zukunft ist gar nicht mehr so weit entfernt, dann könnte auch der Begriff »Abfall« aus unserer Sprache verschwinden. Die Natur kennt »Abfälle« ohnehin nicht; von ihr lässt sich lernen, wie in fein aufeinander abgestimmten Kreisläufen alles wiederverwertet werden kann.

Müll entsorgen

So weit sind wir aber selbst in Deutschland noch nicht, auch wenn seit 2006 Hausmüll nicht mehr auf Deponien darf. Was stofflich nicht zu verwerten ist, wird verbrannt und damit für die Energieerzeugung genutzt – also energetisch verwertet. Inzwischen geht es bei der Beseitigung von Müll sehr geregelt zu. Das war nicht immer so. Bis in die siebziger Jahre hinein kippte jedes Dorf seinen Abfall irgendwohin, in eine Grube oder an den Waldrand. Diese »wilden« Deponien wurden erst 1972 verboten. Heute dienen große, zentrale Halden oft gleich mehreren Gemeinden als Lagerstätte. Das war ein deutlicher Fortschritt – aber nicht genug. Bald zeigte sich, dass die Müllberge nicht ausreichend gesichert waren: Mit jedem Regen gelangten Schadstoffe in den Erdboden und gefährdeten das Grundwasser. In modernen Anlagen betreibt man heute viel Aufwand, um den Boden zum Beispiel mit Plastikfolien abzudichten. Dadurch lässt sich das belastete Sickerwasser auffangen und zu Kläranlagen weiterleiten. Bis 2009 soll es keine Deponie mehr ohne diesen Sicherheitsstandard geben.

Auch den bei der Verbrennung entstehenden Gasen in den Mülldeponien wurde lange Zeit kaum Beachtung geschenkt, sie entwichen schlicht in die Umwelt – mit negativen Folgen für Klima und Gesundheit. Erst seit kurzem weiß man dieses Problem technisch zu bewältigen und das Gas energetisch zu nutzen.

Ist eine Deponie voll, wird sie oben versiegelt, in Form gebracht und begrünt. Nur wer genau hinsieht, erkennt den Müllplatz darunter nach ein paar Jahren noch – etwa am Stadtrand von München, wo mehrere abge-

Müllverbrennung Früher war die Müllverbrennung heiß umstritten. Viele fürchteten, dass dabei unvermeidlich giftige Abgase freigesetzt würden, Dioxine zum Beispiel, die besonders bei der Verbrennung von Kunststoffen entstehen und lange Zeit nicht hinreichend aus den Abgasen herausgefiltert werden konnten. Inzwischen aber sind die Anlagen entscheidend verbessert worden: Die Gefahr giftiger Gase ist bei diesen Hightech-Komplexen so verringert, dass sie den Menschen nicht gefährden. Und die dabei erzeugte Energie kann wiederverwertet werden.

rundete Hügel die Autobahnstrecke nach Nürnberg zieren. Doch das Risiko von Schadstoffen bleibt, trotz der schönen Fassade, besonders bei älteren Halden.

Seit den achtziger Jahren sind in den hochentwickelten Ländern mehr und mehr Müllverbrennungsanlagen gebaut worden: In Deutschland nahm die erste ihren Betrieb 1986 in Hamburg auf. Aber auch diese Methode hinterlässt Schlackenreste, die gesondert entsorgt werden müssen. Hierzulande zählt als Sondermüll, was giftig, explosiv oder brennbar ist. Krankenhausabfälle zum Beispiel dürfen nicht einfach in den normalen Müll wandern, weil sie Krankheitserreger enthalten könnten, chemische Überreste gehören wie Schlacken auf Sondermülldeponien, die noch besser geschützt und gesichert sind als herkömmliche. Denn solche Stoffe sind – wenn sie vorher nicht richtig technisch behandelt werden – eine Gefahr für die Umwelt und die menschliche Gesundheit.

Besonders langlebige Stoffe lagert man unter der Erdoberfläche in »Untertagedeponien«. Doch auch sie können eine Belastung für künftige Generationen darstellen, denn die Erde lebt, sie bewegt und verschiebt sich. Ob Salzstöcke oder Höhlen auf Dauer einen geeigneten Schutzraum bieten für unseren gefährlichsten Abfall, ist unter Fachleuten umstritten.

Wenn Giftmüll verschwindet

Mit »Sondermüll« – chemischen Resten, belasteten Klärschlämmen, Altölen oder nicht mehr verwertbaren Pflanzenschutzmitteln – mögen wir nicht in Berührung kommen. Nicht vor meiner Tür, lautet das einhellige Bürgerurteil, wenn es um Standorte für deren Behandlung und Beseitigung geht. Und für Betriebe ist das fachgerechte Entsorgen von Sondermüll schlicht teuer. Besonders unangenehme »Ware« wird deshalb gern dorthin exportiert, wo die Gesetze nicht so strikt sind, nach Südosteuropa oder in die Dritte Welt. Die Baseler Konvention aus dem Jahr 1989, der mittlerweile 168 Staaten beigetreten sind, verbietet zwar solche Exporte aus den Industriestaaten in Entwicklungsländer, aber die hohen Kosten einer umwelt- und gesundheitsverträglichen Entsorgung von Sondermüll machen illegale Exporte zu einem glänzenden Geschäft für Skrupellose.

Wie viel Giftmüll bis heute auf diese Weise »verschwindet«, weiß man nicht genau. Allein nach Afrika, diese Zahl ist den Vereinten Nationen bekannt, wurden in den vergangenen vier Jahrzehnten mindestens 50 000 Tonnen veraltete Pflanzenschutz- oder Schädlingsbekämpfungsmittel (Pestizide) geschafft. Sie können dort für lange Zeit großes Unheil anrichten, denn solche Pestizide machen krank; brennende Augen und Husten gehören noch zu den harmloseren Wirkungen, die sie erzeugen. Auch häufiges Fieber, regelmäßige Schwächeanfälle, Schwindelgefühle, Übelkeitsattacken, Asthma, chronischer Durchfall, Blutarmut (Anämie) und Krebs werden der schädlichen Wirkung von Pestiziden zugeschrieben, wenn diese nicht ordnungs-

Pflanzenschutzmittel DDT Dichlordiphenyltrichlorethan oder DDT heißt das bekannteste Pflanzenschutzmittel, das früher auch bei hiesigen Gartenbesitzern beliebt war und bis heute in Böden und Muttermilch nachgewiesen werden kann. Es baut sich nur sehr langsam ab. Über Jahrzehnte hinweg war es das am häufigsten verwendete Insektenvernichtungsmittel weltweit. In den meisten Industrieländern ist DDT seit den siebziger Jahren verboten. Bei der Entwicklung und Markteinführung von DDT im Jahre 1939 weckte dieses Pestizid große Hoffnungen, weil sich lästige Insekten wie Läuse oder Kartoffelkäfer damit vernichten ließen. Heute steht es im Verdacht, Krebs zu erzeugen. Aber DDT völlig aus dem Verkehr zu ziehen, ist schwierig: Es ist ein wichtiges, bisher kaum gleichwertig zu ersetzendes Mittel im Kampf gegen Malaria; erst wenn es gelingt, ökologische Verfahren und weniger schädliche Chemikalien zur Bekämpfung von Malaria zu entwickeln, wird ein völliges Verbot von DDT möglich werden. Daran wird mit großem Nachdruck geforscht.

gemäß behandelt und gelagert werden. Und in Entwicklungsländern gefährden sie häufig Menschen, die sich viel weniger dagegen schützen können, weil sie arm oder über die Gefahren nie aufgeklärt worden sind.

Als 1992 Mitarbeiter der Umweltschutzorganisation Greenpeace 465 Tonnen alte Pestizide in Siebenbürgen (Rumänien) aufspürten, trauten sie ihren Augen nicht: Das Gift befand sich nahezu ungesichert in den abenteuerlichsten Behältnissen, in Korbflaschen, Pappschachteln und rostanfälligen Fässern. Ein Teil der Substanzen sickerte bereits ins Grundwasser. Mit dieser kriminellen Form der Beseitigung konfrontiert, handelte die Bundesregierung. Sie sicherte den Fund mit viel Geld, ließ ihn nach Deutschland zurücktransportieren und ohne Schäden für Umwelt und Gesundheit beseitigen. Solche Ausfuhren sind durch internationale Absprachen verboten. Daran halten sich aber bis heute längst nicht alle Länder, auch nicht alle Händler. Illegale Frachten gibt es immer noch. Manches, was eigentlich verboten ist, wird einfach zum »Recycling«-Gut erklärt und trotzdem

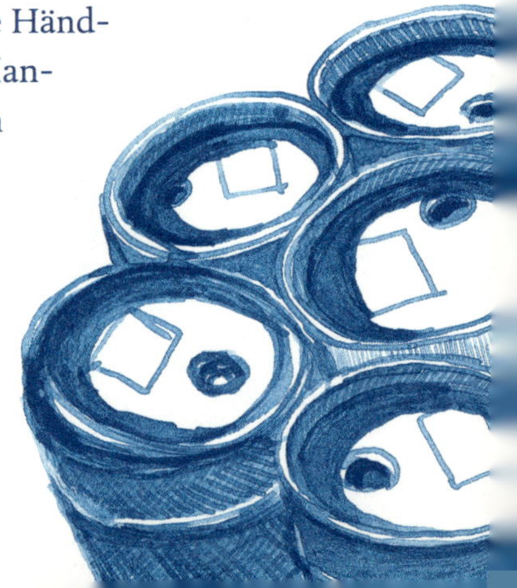

weitergereicht. Kontrollen in 18 europäischen Häfen im Jahr 2005 ergaben nach Angaben von Greenpeace, dass fast die Hälfte der für den Export bestimmten Abfälle illegal war.

Im Jahr 2004 trat die Stockholmer Konvention gegen Dauergifte (Persistent Organic Pollutants »POPs«) in Kraft. POPs sind extrem giftige und langlebige Chemikalien, die sich über die Luft und die Meere auf der ganzen Welt ausbreiten können – Pestizide wie DDT zum Beispiel. Sie belasten Lebensräume, reichern sich im Körper an und schädigen, über die Nahrungskette, womöglich auch den Menschen. Bei uns ist der Einsatz solcher POPs mittlerweile untersagt, aber in anderen Ländern werden sie immer noch genutzt. Die Stockholmer Konvention verbietet zwar die Verwendung der zwölf wichtigsten Dauergifte, das so genannte »dreckige Dutzend«, aber ein Drittel aller Staaten ist ihr bisher nicht beigetreten, sodass wir von einem wirksamen Bann auch nur der schlimmsten Gifte immer noch weit entfernt sind.

Wie lange und wie stark Chemikalien im menschlichen Körper wirken können, mussten vor nicht allzu langer Zeit auch einige prominente Europäer erfahren. Vierzehn Minister aus der Europäischen Union erklärten sich 2004 zu einem außergewöhnlichen Test mit der Naturschutzorganisation »World Wide Fund for Nature« (WWF) bereit. Sie unterzogen sich einer Blutprobe: Bei jedem konnte man Reste beunruhigender chemischer Substanzen nachweisen. Keine Person war frei davon. Bei einer Testperson entdeckte man gleich 43 bedenkliche Stoffe. Es handelte sich um Chemikalien, die früher benutzt worden waren, um feuerfeste Sofas herzustellen, beschichtete Pfannen, Babyflaschen oder Blechdosen. Auch Spuren längst verbotener Pestizide befanden sich darunter. Die Beteiligten zeigten sich durchweg geschockt über ihr eigenes Blutbild. Wie viel gefährdeter müssen erst Menschen sein, die in Ländern mit weniger strikten Umweltgesetzen leben?!

Fliegende Mülltonnen Auch Vögel picken – unabsichtlich – Abfall. Je näher sie an vielbefahrenen Schiffsrouten leben, desto mehr Kunststoffmüll lässt sich in ihren Mägen finden: Sie verwechseln herumschwimmenden Unrat mit Nahrung und werden so zu »fliegenden Mülltonnen«. Eissturmvögel zum Beispiel verbringen die meiste Zeit über dem Wasser, sie ernähren sich von Fischen, Schnecken, Krebsen und anderem Meeresgetier. Holländische Meeresforscher berichten, dass 95 Prozent aller tot an den Nordseestrand gespülten Eissturmvögel Plastikabfall im Magen haben. Ein in Dänemark gefundenes Exemplar brachte es auf mehr als 20 Gramm Plastik im Bauch. Auf den Menschen umgerechnet, entspräche das einer Menge von zwei Kilogramm.

Wo Müll das Überleben sichert

In Buenos Aires gibt es einen Berufsstand namens »Cirujas«. Für das Wort hat die Chirurgie Pate gestanden: Wie der Arzt mit seinen Geräten im Bauch eines Patienten herumstochert, schlitzen die »Cirujas« in Argentiniens Hauptstadt Müllsäcke auf, wühlen mit Metallstangen darin herum und holen Verwertbares heraus. Viele Tausende solcher Müllfledderer erarbeiten damit den Lebensunterhalt für sich und ihre Angehörigen. Geschätzte zehn Prozent aller Reste in Buenos Aires werden so »entsorgt« und dem Materialkreislauf wieder zugeführt.

Diese Art der Abfallverwertung gibt es in fast allen Metropolen; selbst in Berlin und New York graben nicht nur »Penner«, sondern auch viele andere Bedürftige in Mülleimern nach Leergut, um Altglas und Kunststoffflaschen im nächsten Supermarkt abzugeben und das Pfand dafür einzustreichen. Aber in anderen Weltgegenden sind Abfallsysteme, wenn es überhaupt welche gibt, längst nicht so modern wie bei uns. Während wir Müll als Problem fast nur wahrnehmen, wenn die Müllmänner streiken, gehören stinkende Abfälle anderswo zum täglichen Leben.

Die meisten Großstädte der Dritten Welt verfügen über gar kein oder jedenfalls kein flächendeckendes Verfahren zum Mülleinsammeln und schon gar nicht zum Trennen. Deshalb beherrschen überquellende Mülleimer, herumliegende Dosen, Flaschen, Papierschnipsel, Zigarettenstummel, alte Plastiktüten und Essensreste das Straßenbild viel stärker als bei uns – und doch wirkt gerade dort der Müll auf tausende Menschen anziehend: Nicht weil irgendjemand gerne im Dreck lebte, sondern weil sich darin Verwertbares findet, das ganze Familien ernähren kann. Auch am »Smoky Mountain« in Manila wühlen einige Tausend »waste pickers« in den schmauchenden Überresten der philippinischen Hauptstadt. Sie suchen nach Glas, Metall, Papier und anderen wertvollen Stoffen, für die sie bei Recyclinghändlern ein paar Pesos ergattern und damit ihr Überleben sichern können. Dass sie dabei ihre Gesundheit gefährden, spielt angesichts des täglichen Überlebenskampfes eine untergeordnete Rolle.

In den Armen-Slums dieser Welt gibt es keine Müllabfuhr und keine sanitären Einrichtungen. Strom wird, wenn vorhanden, illegal abgezapft, sauberes Wasser ist die Ausnahme. Dadurch grassieren Krankheiten wie Cholera, weil jeder Regen einen Teil der Fäkalien und des ungesi-

Überall Abfall »In den meisten Städten Sambias ist es gefährlich, morgens aufzuwachen, das Fenster zu öffnen und die angeblich so gute Morgenluft einzuatmen – es sei denn man besitzt eine Gasmaske, denn weder Anblick noch Geruch sind angenehm. Wir reden über Abfall! Er ist überall (außer in den reichsten Gegenden). Er ist in den Häusern, Straßen, Schulen, Parks, am Arbeitsplatz. Kinder spielen damit, suchen darin nach nützlichen Spielsachen. Man sieht Tiere, die darin herumwühlen, und Hungernde, die nach einem essbaren Happen Ausschau halten. Der Abfall wird nie richtig eingesammelt. Er liegt da, fault vor sich hin, stinkt, und die Menschen müssen mitten durch. Wie oft haben wir uns schon bei unserer Regierung darüber beschwert, aber dort heißt es immer, es gebe kein Geld und keine Ausrüstung dafür. In der Regenzeit breiten sich von diesen Abfallbergen Krankheiten aus – Cholera zum Beispiel. Das alles ist so ungesund, dass selbst die Zugvögel nicht mehr zu uns kommen.« Eine Beschreibung von Regina Mwansa aus Sambia im Internet, die sich mit Eindrücken aus vielen Slums und Favelas dieser Welt deckt.

cherten Mülls samt seiner Schadstoffe in den Boden wäscht und ins Grundwasser spült. Cholera ist eine schwere bakterielle Infektionskrankheit, die zu Durchfall und Erbrechen und im nächsten Stadium zu innerem Austrocknen führt. Sie kommt vor allem dort vor, wo das Trinkwasser verschmutzt ist – also auch in Slums und Flüchtlingslagern.

In Dhaka zum Beispiel, der Hauptstadt von Bangladesh, siedeln sich Flüchtlinge vom Lande häufig direkt neben reicheren Stadtteilen an. Sie hoffen auf Gelegenheitsjobs bei den besser Betuchten, oder wenigstens auf deren Abfälle. Solche Slums bilden sich schneller als sie registriert werden können; schon jetzt machen sie mindestens ein Drittel der Stadtfläche aus. Unerträglicher Gestank liegt dort in der Luft; er blockiert alle Sinne, betäubt jede Wahrnehmung. Übelkeit stellt sich ein beim Anblick dieses Elends aus faulem Wasser, Müll und Fäkalien. Und doch muss jeder siebte Mensch in dieser Welt in solch erbärmlichen Verhältnissen leben, mehrere Millionen allein sind es in Dhaka, geschätzte 900 Millionen weltweit.

Die Verstädterung wird zu einem immer größeren Problem, besonders in Entwicklungsländern, und dort vor allem in Asien. So rechnet man in China damit, dass schon im Jahre 2030 bis zu 60 Prozent der Bevölkerung in rasant wachsenden Stadtregionen leben werden. Dhaka zählt in zehn Jahren zu den fünf größten Städten der Welt, in denen die Menschen oft genug – von niemandem versorgt oder organisiert – inmitten ihres eigenen Drecks hausen müssen. Forscher nennen gigantische Zusammenballungen mit mehr als zwanzig Millionen Einwohnern – wie zum Beispiel für Dhaka, Bombay oder Mumbai (Indien) und Lagos (Nigeria) vorhergesagt – inzwischen »Meta-Citys«. Der Begriff »Mega-City«, noch vor einigen Jahren üblich, genügt nicht mehr, um das unkontrollierte Wuchern urbaner Zentren zu beschreiben. »Über-Städte« wachsen da heran, in denen so viele Menschen auf engstem Raum miteinander auskommen müssen wie in ganz Dänemark, Schweden und Norwegen zusammen.

Immer mehr Menschen leben in städtischen Regionen, heute schon jeder zweite, bis Mitte des Jahrhunderts zwei von dreien. Große urbane Ansammlungen, wie wir sie von den Meta-Cities, aber auch von Istanbul und anderen Städten kennen, sind gegenwärtig ein entscheidendes Hindernis der nachhaltigen Entwicklung. Aber gerade bei ihnen muss es uns angesichts einer wachsenden Weltbevölkerung gelingen, wirtschaftliche Entwicklung, sozialen Ausgleich und ökologische Versorgung miteinander zu verknüpfen. Denn in der Stadt, das gilt auch für Deutschland, ballen sich die Probleme: Größere Verkehrsströme sind zu regeln und höhere Luftbelastungen zu verkraften, die Menschen verbrauchen mehr als Landbewohner es tun und hinterlassen damit auch höhere Müllberge, sie haben einen höheren Bedarf an Wasser und erzeugen mehr Abwasser. Die Städte zu steuern, den Verkehr, die Wasserversorgung und die Müllabfuhr zu regeln, wird eine große Aufgabe der Zukunft sein.

Der Kreis muss sich schließen

Umso dringlicher ist das Umschalten auf eine Kreislaufwirtschaft – so schnell wie möglich und überall. In der Natur gibt es keine Abfälle, alles ist wieder in den Kreislauf des Lebens eingebunden. Wohlstand und vermeintlicher Überfluss haben uns lange über einen großen Fehler hinweggetäuscht: Die Reichweite der Verantwortung ist vornehmlich linear ausgerichtet und begrenzt. Einer ist verantwortlich für die Produktion, ein anderer für die Verpackung, der Nächste für den Verkauf, wieder ein anderer für den Verbrauch – aber niemand hatte bisher in dieser Kette Verantwortung für die Abfälle, die mit seinen Entscheidungen verbunden sind.

Wenn zum Bespiel ein Auto ans Ende seiner »Lebenszeit« gekommen ist und »entsorgt« werden muss, betrifft das die Hersteller bisher nicht. In den Konstruktionsabteilungen der Unternehmen forscht und entwickelt man Autos mit dem Ziel, sie gut zu verkaufen, sie billiger, vielleicht auch verbrauchsärmer, attraktiver in Design und Ausstattung zu machen. Ob sie auch »abfallfreundlich« sind, ob man sie kostengünstig entsorgen und eine hohe Recyclingquote garantieren kann, muss weder den Produzenten eines Autos noch den Verkäufer interessieren. Wenn aber der Hersteller »von der Wiege bis zur Bahre« für sein Produkt und damit auch für den daraus entstehenden »Abfall« verantwortlich ist, dann muss er die Abfallkosten von vornherein in den Verkaufspreis einkalkulieren. Damit entsteht ein entscheidender Anreiz, ja sogar ein Zwang, die Produkte so zu konstruieren, dass sie nach Gebrauch auch gut zu entsorgen, noch besser: einer neuen Verwendung zuzuführen sind. Die Industrie wird sie möglichst zerlegbar, sortier- und wiederverwertbar gestalten.

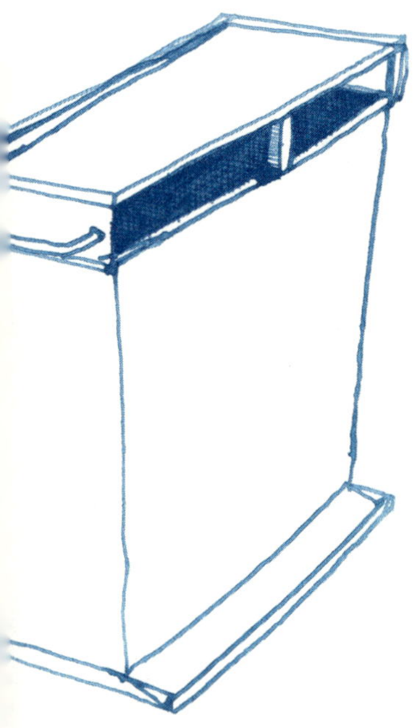

Das gleiche Prinzip gilt für den Verkäufer: Wird er verpflichtet, Verpackungen zurückzunehmen und sie für die

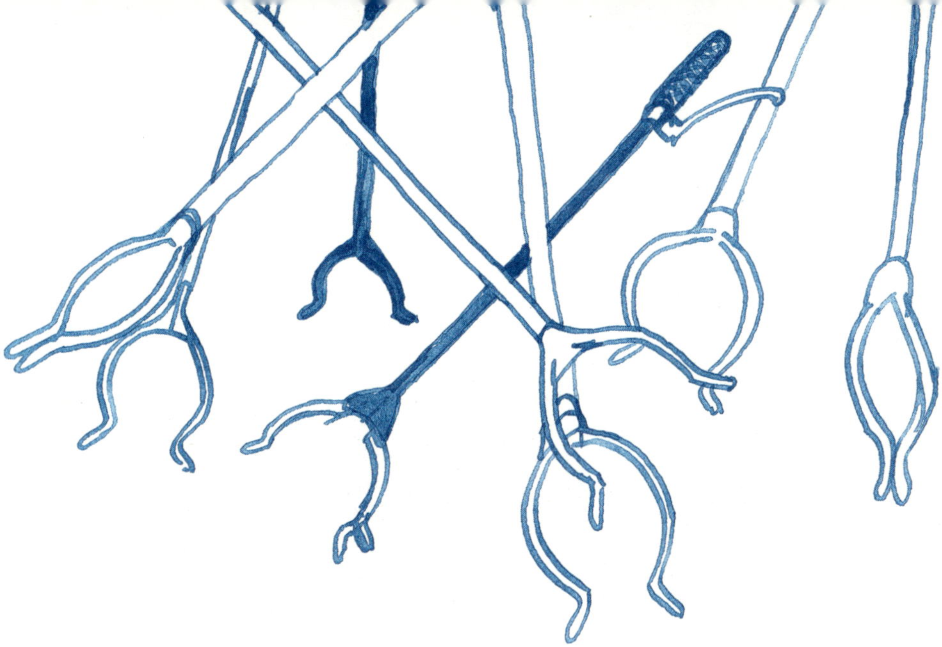

Wiederverwertung zu nutzen, entstehen ihm Kosten. Um diese Kosten möglichst niedrig zu halten, wird er »vom Abfall her denken und planen«, wenn er Produkte entwickelt. Er wird seinem Lieferanten und der seinem Hersteller klarmachen, dass er Wert auf günstig zu entsorgende und wiederverwertbare Verpackungen legt. Er wird sich künftig genau überlegen, ob er beschichtete Kunststofffolien, glänzende Metallbeschichtungen, extrem dünne Kunststofftaschen einsetzt oder ob er zu abfallgeeigneten Materialien wie Pappe oder Papier greift, wenn er auch für die Entsorgung verantwortlich ist und dafür bezahlen muss.

Wir müssen uns verabschieden vom Wegwerfprinzip und umschalten auf ein Denken in Kreisläufen, in Verantwortung für die eigenen Produkte. In Deutschland wird ein solches Kreislaufmodell seit etwa 1990 immer konsequenter durchgesetzt und erweist sich als ein globaler Erfolgsartikel. In einer Welt mit mehr als 6 Milliarden Menschen, die besonders in den Entwicklungsländern wirtschaftliches Wachstum zur Überwindung von Armut dringend brauchen, hat die Wegwerfgesellschaft keine Zukunft. Rohstoffe und Energie werden immer knapper: Das »Wegwerf-Prinzip« ist eine unverantwortliche Verschwendung – auch wirtschaftlich.

Vorboten der Zukunft

Klimawandel? Noch vor wenigen Jahren stritt sich die Fachwelt, ob wir uns wirklich auf höhere Temperaturen einstellen müssen. Inzwischen sind sich die Wissenschaftler einig: Die Erde erwärmt sich – und zwar schneller als erwartet. Die Veränderungen gehen über das übliche Maß an Wechseln zwischen kälteren und wärmeren Perioden hinaus, die es im Laufe der Erdgeschichte immer wieder gab. Verursacher ist der Mensch, der die Atmosphäre mit Treibhausgasen belastet und die Erderwärmung damit beschleunigt. Klimawandel ist keine apokalyptische Prognose für die ferne Zukunft, sondern er findet bereits statt. Seine Vorboten – stärkere Wirbelstürme, Flüsse, die über die Ufer treten, oder ungewöhnlich milde Winter – bekommen wir bereits jetzt zu spüren. Sie lassen ahnen, was uns bevorsteht, wenn wir nicht handeln, wenn wir nicht bald eine Energiewende schaffen, die auf eine geradezu revolutionär höhere Energieeffizienz und auf den zunehmenden Einsatz erneuerbarer Energien setzt. Auf alles eben, was den schädlichen Ausstoß von Kohlendioxid vermindert.

Das ewige Eis schmilzt dahin: Der Gletscher auf der Zugspitze verliert an heißen Sommertagen etwa so viel Wasser, wie ein Drittel der Stadt München täglich verbraucht – etwa 35 Millionen Liter Wasser. Er schwitzt und trieft und wird jedes Jahr ein bisschen kleiner. In 15, höchstens 20 Jahren, schätzen Wissenschaftler, wird vom Eis auf der Zugspitze sowie den beiden anderen bayerischen Gletschern an Hochkalter und Watzmann nichts mehr übrig sein. Daran ändert auch eine große weiße Hülle, eine Art Sonnenschirm, nur wenig, die man als Schutzschild im Sommer aufspannt. Sie kann den Gletscher nicht vor dem Abschmelzen bewahren, den Prozess höchstens etwas hinauszögern. Mit den Eismassen aber stirbt auch der Mythos unzerstörbarer Urgewalten – und die Hoffnung, natürliche Wetterschwankungen seien die Ursache für das »hochgebirgliche Wasserlassen«.

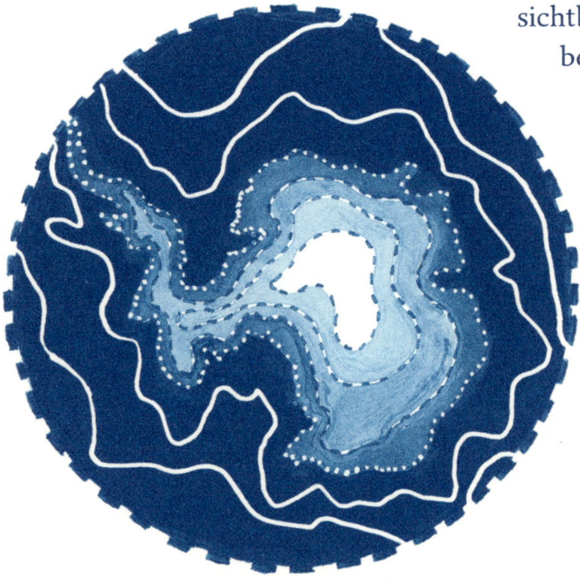

Schrumpfende Gletscher sind vielmehr das sichtbarste Zeichen für einen Wandel, der das berührt, was die Welt äußerlich zusammenhält: das Klima. Neun von zehn Alpengletschern wurden in den vergangenen Jahrzehnten bereits um mehr als die Hälfte dezimiert. Damit verliert Mitteleuropa nicht nur einen Teil atemberaubender Bergschönheit, sondern auch einen seiner größten Trinkwasserspeicher.

Einige Tausend Kilometer weiter nördlich, in der Arktis – das glei-

che Bild: Die Fläche des Nordpolarmeeres, die im Sommer von Packeis bedeckt ist, verkleinert sich nach Angaben des Weltklimarates (IPCC) um mehr als sieben Prozent jedes Jahrzehnt. Tendenz steigend. Forscher halten es für möglich, dass das Polarmeer in einigen Jahrzehnten im Sommer eisfrei bleibt. Mit Sorge beobachten sie jede Veränderung im nördlichen Eis, besonders auf Grönland. Denn die Arktik ist zu einer Art Fieberthermometer unseres Planeten, zum Frühwarnsystem für den Klimawandel geworden.

Die Erde heizt sich auf

Die Grade steigen, daran besteht kein Zweifel. Zwischen 1901 und 2005 hat sich die Erdoberfläche um mehr als 0,7 Grad erwärmt. Ein solcher Anstieg scheint auf den ersten Blick nicht der Rede wert zu sein, doch das täuscht. Denn die Erderwärmung hat sich im vergangenen Vierteljahrhundert deutlich beschleunigt: Elf der letzten zwölf Jahre waren die wärmsten seit Beginn der Wetteraufzeichnungen. Mit gravierenden Folgen.

Eisbären vom Aussterben bedroht Gehören Eisbären bald zu den ausgestorbenen Tieren? Der World Wide Fund for Nature (WWF) fürchtet jedenfalls, dass sie den Klimawandel nicht überleben und in wenigen Jahrzehnten verschwinden werden: Mit der Eisschmelze verkleinern sich auch die Jagdgründe der Bären, die sich vor allem von Ringelrobben ernähren. Die aber können sie nur auf einer Eisdecke fangen. Im Wasser sind die Robben viel zu schnell für ihre Verfolger. Kanadische Forscher – in Kanada leben zwei Drittel aller Eisbären – haben festgestellt, dass die Tiere im Schnitt schon heute zehn Prozent weniger wiegen als noch vor zwanzig Jahren, dass sie weniger Junge zur Welt bringen und ihr Bestand seither um fast ein Viertel abgenommen hat.

Katrina Ende August 2005 bildete sich über den Bahamas ein Wirbelsturm, der zunächst Florida überquerte, bevor er im Golf von Mexiko rasch an Stärke zunahm und sich zu einem der heftigsten Hurrikane entwickelte, die dort jemals registriert wurden. Besonders hart traf es die Gegend um New Orleans, das zwischen einem Brackwassersee und dem Mississippi noch unterhalb des Meeresspiegels liegt. Am Ende stand ein Großteil des Stadtgebietes vollständig unter Wasser, etwa 1800 Menschen verloren ihr Leben. Der Sachschaden belief sich auf die Rekordsumme von 80 Milliarden Dollar. »Katrina« brachte nicht nur Unheil über die direkt Betroffenen, sondern erschütterte kurzzeitig auch das politische Gefüge der USA. Die Verantwortlichen in Washington mussten sich den Vorwurf gefallen lassen, sie hätten zu spät und zu unentschlossen auf das Unglück reagiert.

Die Auswirkungen spüren wir schon jetzt: Im August 2003 wurde Europa von einer Hitzewelle heimgesucht, auf deren Konto wahrscheinlich 20 000 Tote zusätzlich gehen. Die Deutschen schwitzten wochenlang bei 35 Grad und mehr, die Südeuropäer gar bei 40 Grad aufwärts. Die Zahl gefährlicher Hurrikane, vor denen auch Europa nicht mehr sicher ist, hat sich seit den siebziger Jahren verdoppelt. Und ihre Zerstörungskraft ist stärker geworden. »Katrina«, der New Orleans überschwemmte, ist nur ein Beispiel dafür. Keine zwei Monate später brachte »Wilma« ähnliches Unheil über die mexikanische Halbinsel Yucatán. Noch spricht man von »Naturkastastrophen«, obwohl der Mensch zunehmend seine Hand im Spiel hat.

Ungewöhnlich warme Herbstwochen, Stürme, kurze eisige Winter, Überschwemmungen und wochenlange Trockenheit – das Wetter scheint auch bei uns verrückt zu spielen. Auf nichts ist mehr Verlass. Wer im November Geburtstag hat, lud seine Freunde früher zu einer Tasse Tee bei Ker-

zenschein. Heute ist vom ersten Schnee bis zu milden Temperaturen von mehr als 20 Grad alles denkbar.

In anderen Weltgegenden sind die Veränderungen dramatischer. Nicaragua zum Beispiel hatte 2006 mit extremer Dürre zu kämpfen, die das Land an den Rand einer Energiekrise führte, weil Kraftwerke wegen des Wassermangels nicht mehr ausreichend Strom liefern konnten. Monatelang rationierten die Behörden den Energiefluss, was schließlich zu Protesten und Ausschreitungen der Bevölkerung führte. Oder: Der Meeresspiegel um so genannte kleine Inselstaaten – wie Tuvalu im Pazifik oder die Malediven im Indischen Ozean – steigt an. Ein Inseldorf an der Küste musste bereits geräumt werden. In Afrika hat der Kilimandscharo, das schneebedeckte Wahrzeichen des Kontinents, schon 80 Prozent seiner Eiskappe verloren. In etwa 15 Jahren wird vermutlich auch der Rest geschmolzen sein. Auch in Tibet und im Himalaja, wo sich mit dem Mount Everest der höchste Berg der Welt befindet, schrumpfen die Gletscher mit zunehmender Geschwindigkeit. Gletscher aber sind »Wassertürme« in den Bergen – schmelzen sie, hat das dramatische Folgen für China und den gesamten indischen Subkontinent.

Mitten im Klimawandel

Nicht jede Kapriole, die das Wetter schlägt, lässt sich pauschal mit dem Klimawandel erklären. Dafür sind solche Phänomene zu komplex, zumal es penibel zwischen »Wetter« und »Klima« zu unterscheiden gilt: Ob es stürmt oder schneit, regnet oder Sonnenschein durchbricht, lässt sich schwer vorhersagen; Wetter kann sich kurzfristig ändern. Anders die mittel- und langfristigen Wechsel des Klimas. Sie gehen langsamer vonstatten, sind aber auch exakter zu prognostizieren. Noch vor einigen Jahren zweifelten viele Experten, ob der Klimawandel überhaupt kommt, und wenn doch, welche Auswirkungen er haben würde. Denn Wirbelstürme, kältere und wärmere Perioden, Überschwemmungen und Dürren – all das gab es auch früher schon. Solche Schwankungen gelten als

Wissenschaftliche Beweisaufnahme Alle paar Jahre rüttelt uns die Welt der Wissenschaft mit einem neuen Bericht über den globalen Klimawandel auf: Den vierten und jüngsten veröffentlichte das »Intergovernmental Panel on Climate Change« (IPCC) im Februar 2006. Darin kamen die Experten weltweit zu dem Urteil, es sei »sehr wahrscheinlich«, dass die Erwärmung der vergangenen fünfzig Jahre wesentlich durch »anthropogene Treibhausgase« – hauptsächlich Kohlendioxid – verursacht worden sei. Sprich: Der Mensch trägt die Hauptverantwortung für die Veränderungen. Das IPCC wurde 1988 eingesetzt, um das Phänomen des Klimawandels wissenschaftlich genauer zu untersuchen. Ihm gehören Wissenschaftler an, die den letzten Stand der Forschung zusammentragen und veröffentlichen. Während in den ersten Jahren noch Uneinigkeit über den Einfluss des Menschen herrschte, ist die »Beweisaufnahme« zum Klimawandel inzwischen abgeschlossen: Das IPCC sieht den Menschen eindeutig als Hauptschuldigen für die neue Wetterlage.

normal. Über die Jahrtausende hinweg hat die Erde immer wieder neue klimatische Bedingungen vorgefunden und sich daran anpassen müssen. Heute aber, darin sind sich die Wissenschaftler mittlerweile weitgehend einig, erleben wir diese Veränderungen im Zeitraffer – deshalb sind sie auch so bedrohlich. Bezweifelt wurde auch, ob dieser Klimawandel durch den Menschen verursacht wird. Inzwischen teilt die überwiegende Mehrheit der Forscher das Urteil: Die Erderwärmung ist hauptsächlich vom Menschen verursacht – sie ist »anthropogen«, sie vollzieht sich schneller als gedacht, und wir sind schon mittendrin im Wandel.

Das Verbrennen von Öl, Gas und Kohle – von allen fossilen Energieträgern – ist naturgesetzlich mit dem Ausstoß von Kohlendioxid (CO_2) verbunden. Da die Menschen Strom nutzen, in Flugzeugen fliegen, Autos fahren, Güter herstellen und sie um die halbe Welt transportieren, verfeuern sie seit Beginn der Industrialisierung fortwährend und in steigenden Mengen fossile Energieträger. Dabei gelangt immer mehr CO_2 in die Luft. In der Atmosphäre, die eine Schutzhülle um die Erde bildet, befinden sich außer dem für Menschen und Tiere lebenswichtigen Sauerstoff auch Kohlendioxid und andere so genannte Treibhausgase, wie zum Beispiel Methan. Zusammen machen sie weniger als ein Prozent aus; das genügt, um einen »natürlichen Treibhauseffekt« zu produzieren, ohne den die Erde um etwa 30 Grad kälter und kein Leben, wie wir es kennen, möglich wäre. Schweben dort jedoch mehr und mehr dieser Gase, dann bewirkt diese steigende Konzentration, dass mehr der von der Erde reflektierten Energie zurückgehalten wird – die Temperaturen steigen. Den Wärmestau der von der Sonne beschienenen Erde bezeichnet man als »atmosphärischen Treibhauseffekt«, er ist nicht natürlich, sondern vom Menschen verursacht.

Je mehr Kohlendioxid in die Atmosphäre gelangt, desto stärker steigen die Temperaturen – und mit ihnen die Gefahren für das Klima. Vor der Industrialisierung – etwa um 1750 – betrug der CO_2-Wert in der Atmosphäre noch etwa 280 ppm, also »parts per million« oder »Teile pro Million«. Inzwischen liegt er bei 379 ppm und erhöht sich jedes Jahr um weitere zwei bis drei ppm. Wie schnell sich die Erde aufheizt, entscheiden wir mit – durch unsere Lebensweise. Drei Viertel aller CO_2-Emissionen entstammen dem Verbrauch fossiler Brennstoffe durch den Menschen. Sie machen mit Abstand den größten Teil aus.

Verstärkend hinzu kommt der Verlust von Wäldern, denn wenn ein Baum gefällt wird, sinkt die Speicherkraft für CO_2. Wenn ein Baum verbrennt, wird auch das in ihm gespeicherte Kohlendioxid freigesetzt. Umgekehrt gilt aber auch: Aufforstung kann Kohlendioxid »binden«. Der Erhalt der großen Waldgebiete, wie des brasilianischen Amazonas, ist deshalb ein wichtiger Beitrag zur Stabilisierung unseres Klimas. Die riesigen Waldgebiete in den Entwicklungsländern sind bisher unbezahlte und unbezahlbare CO_2-Speicher. Sie leisten einen wichtigen Beitrag im Kampf gegen den Klimawandel, der von den hoch entwickelten Ländern und ihrem massenhaften CO_2-Ausstoß verursacht wird. Schließlich sind sogar die mehr als 1,4 Milliarden Kühe bedeutsam für den Klimawandel. Mit jedem Rülpser entweicht ihnen Methan, das um ein Vielfaches klimaschädlicher ist als Kohlendioxid. Je mehr Tiere sich die Menschheit zum Verzehr hält, desto höher deren Gesamtemissionen.

Das System ist geladen

Rückgängig machen lässt sich der Klimawandel schon jetzt nicht mehr, jedenfalls nicht schnell genug, um den negativen Folgen völlig zu entgehen. Denn das Erdsystem reagiert nur träge auf Änderungen der Atmosphärengase. Die meisten Prognosen rechnen bis zum Ende dieses Jahrhunderts mit einem Anstieg der durchschnittlichen Temperaturen um 1,7 bis 4 Grad. Die 1,7 Grad, wohlgemerkt, sind kaum noch zu vermeiden. Damit ist das System »geladen«. Auch in diesem Fall müssen wir bereits mit massiven Auswirkungen rechnen.

Und selbst wenn es uns gelänge, den Anstieg der Erderwärmung zumindest auf dieses Niveau zu begrenzen, blieben einige Entwicklungen, wie beispielsweise das Ausbleiben oder die Veränderung von Meeresströmungen, in ihren Folgen für das Klima kaum zu kalkulieren. Wenn sich die Ozeane erwärmen, kann Methan in die Atmosphäre gelangen. Tauen die heutigen Permafrostböden, etwa in Sibirien, auf, die bisher ganzjährig tief gefroren sind, setzt das ebenfalls Methan oder CO_2 in kaum abschätzbaren Mengen frei. Solche Effekte würden den Klimawandel noch verstärken. Dann könnte die Erwärmung sogar mehr als sechs Grad betragen: Tritt dieser Fall ein, wird die Welt eine völlig andere sein.

Warmwasserheizung Golfstrom Eines der Schreckensszenarien ist das Versiegen des Golfstroms. Denn er ist so etwas wie Nordeuropas Warmwasserheizung. Er pumpt kaltes Wasser in der Tiefe nach Süden und warmes an der Oberfläche nach Norden. Verlöre er an Kraft, würde es hier kalt – entgegen dem allgemeinen Trend der Erderwärmung. Dann hätten wir einen Wandel im Wandel: Als Ursache wird verstärkter Süßwasserzufluss – durch das Abschmelzen von Gletschern und Eiskappen – vermutet. Ein Teil der Pumpkraft des Golfstroms ist bereits gefährdet. Davon spüren wir freilich noch nichts. Erst wenn eine bestimmte Schwelle erreicht wird, könnte die Zirkulation abrupt wechseln und den Wärmezufluss nach Norden unterbrechen.

Damit solche Katastrophen nicht Realität werden, muss die Erderwärmung nach Ansicht der Klimaforscher auf höchstens zwei Grad Celsius begrenzt werden. Die Aufgabe besteht darin, das Unvermeidbare durch kluge Anpassung zu beherrschen und das nicht mehr Beherrschbare durch wirksame Vermeidung auszuschließen. Aber selbst für diese gebotene Begrenzung sind noch enorme Anstrengungen erforderlich. Modellrechnungen zeigen, dass dafür jedem Menschen auf der Welt im langfristigen Durchschnitt nur jeweils zwei Tonnen CO_2-Ausstoß pro Jahr zugeteilt werden dürfen. Der aktuelle deutsche Wert aber liegt schon jetzt bei neun, der eines US-Amerikaners sogar bei rund 20 Tonnen. Im Vergleich dazu nehmen sich Chinesen mit drei und Inder mit etwa einer Tonne bescheiden aus, ganz zu schweigen von Afrikanern, die in vielen Gegenden überhaupt keine fossilen Energieträger verbrennen, weil sie ausschließlich auf Biomasse – Holz, Dung und Pflanzenreste – angewiesen sind.

Venedig versinkt, Spanien verdurstet

Was selbst bei zwei Grad Erwärmung genau auf uns zukommt, können die Forscher nur in Umrissen vorhersagen. Sicher ist: Gletscher und Eisschilde werden weiter schmelzen, Meeresspiegel womöglich bis zu einem halben Meter steigen, Wetterextreme zunehmen. Eine globale Gefahr für die Nahrungsmittelversorgung besteht vermutlich nicht, wohl aber für einzelne Regionen dieser Welt, in denen die Menschen ihre Lebensgrundlage verlieren und als »Klimaflüchtlinge« eine neue Heimat suchen. Auch die Wasserreserven werden betroffen sein, wenn sich Niederschlags- und Verdunstungsmuster ändern. Brücken, Straßen, Städte und Eisenbahnlinien können durch steigende Meeresspiegel Schaden nehmen. Krankheiten wie Malaria und Cholera werden sich in davon bisher verschonte Gebiete ausbreiten. Das Leben der Menschen wird auf vielfältige Weise direkt und indirekt betroffen sein.

Etwas konkreter heißt das: Manhattan schrumpft, weil es seine Rän-

Anpassung Schon jetzt ist klar: Der Klimawandel wird das Leben in vielen Regionen der Welt ändern. Am meisten trifft er allen Prognosen zufolge die armen Regionen. Auf sie kommen enorme Kosten zu, die sie nicht allein bewältigen können. Wo früher eine Küstenstraße war, branden dann Wellen. Wo es viel regnete, wird es trockener. Oftmals bleibt keine andere Wahl, als sich auf die neue Lage einzustellen. Man nennt die Anpassung an den Klimawandel »adaptation«. Sie ist in den hauptbetroffenen Entwicklungsländern mindestens so nötig wie in New York oder Venedig, weil die Menschen dort sofort in ihrer Existenz bedroht sind. Die Entwicklungszusammenarbeit muss deshalb mehr als bisher auch so genannte »klimarelevante Faktoren« berücksichtigen. Denn es wäre unsinnig, Gleise zu legen, die später überflutet werden, es sei denn, Dämme schützten sie von vornherein vor den künftigen Wassermassen. Aber auch die müssen geplant und gebaut werden.

der an steigende Wasserpegel abgeben muss. Einer Studie der Nasa zufolge sind unter anderem die Stadtteile Brooklyn, Queens und Lower Manhattan bedroht; das Nahverkehrssystem ist insgesamt gefährdet. Die Niederlande, die schon jetzt zum Teil unter dem Meeresspiegel liegen, könnten einen Teil ihrer Landmasse verlieren, müssten aber auf jeden Fall gewaltig investieren, um sich zu schützen. Gleiches gilt etwa für Schleswig-Holstein und die Inseln in der Nordsee. Das südliche Bangladesh wird womöglich »geschluckt« und damit ein ähnliches Schicksal erleiden wie viele kleine Inseln im Atlantik und Pazifik. Die Sahara könnte sich weiter ausbreiten, und Teile des Amazonas-Regenwaldes wären bedroht, was wiederum ungünstige Rückkopplungseffekte auf das Klima hätte, weil wir die Wälder als CO_2-Speicher verlieren würden.

Am südlichen Ende Europas, dort, wohin wir gerne in Urlaub fahren, sind ebenfalls Änderungen zu erwarten: In Spanien, das schon jetzt regelmäßig unter Wassermangel leidet, könnten sich Wüsten ausweiten. Teile Griechenlands drohen ebenfalls zu

Der Wandel in Zahlen Wenn sich der Anteil von Kohlendioxid und anderen Treibhausgasen nicht bald vermindert, steuern wir mitten hinein in wechselnde und unbeherrschbare Wetterphänomene. Das »Intergovernmental Panel on Climate Change« hat in seinem jüngsten Bericht die wichtigsten Veränderungen folgendermaßen zusammengefasst:

- Bis zum Jahr 2100 wird sich die Durchschnittstemperatur um 1,0 bis 2,7 Grad für das niedrigste Szenario, für das oberste Szenario um 2,4 bis 6,3 Grad erhöhen.
- Selbst bei einem sofortigen Ende aller Emissionen würden die Temperaturen trotzdem um zirka 0,6 Grad steigen.
- Der Meeresspiegel wird bis 2100 zwischen 19 und 37 für das niedrigste und zwischen 26 und 58 Zentimeter für das höchste Szenario steigen.
- Auch nach einem völligen Ende der Emissionen wird der Meeresspiegel viele Jahrhunderte weiter steigen, bedingt durch weitere Erwärmung des tiefen Ozeans.
- Erwärmt sich die Erde deutlich mehr als 3 Grad, rechnen Experten mit einem kompletten Abschmelzen des Grönlandeises. In diesem Fall erhöht sich der Meeresspiegel um etwa sieben Meter.

vertrocknen. Generell ist in den höheren Breiten – also bei uns – mit mehr Niederschlag zu rechnen, während es weiter südlich – von den Tropen bis zum Mittelmeer – trockener wird.

In Deutschland müssen die Bauern mit Ernteeinbußen rechnen, in unseren Wäldern werden andere Baumarten wachsen. Auch das Ökosystem Spreewald ist wahrscheinlich gefährdet, dort droht durch einen Rückgang der Niederschläge akuter Wassermangel. Der Rhein wird wohl immer häufiger über die Ufer treten. Prognosen zufolge wird im Jahr 2050 planbarer Transport auf Europas wichtigster Wasserstraße nur noch schwer möglich sein. Was bei einer Erwärmung von etwa zwei Grad auch auf uns alles zukommen mag – das meiste davon ist bedrohlich.

Auch Venedig ist gefährdet. Das agua alta – Hochwasser, das seine Bewohner seit Jahrhunderten fürchten – könnte die Lagunenstadt vor der italienischen Adria-Küste ein für alle Mal mit sich reißen. Zwar gibt es viele Pläne, Venedig vor den Fluten zu retten. Einer davon sieht vor, Wasser oder Kohlendioxid in Gesteinsschichten unterhalb der Stadt zu pumpen, um sie damit um dreißig Zentimeter »anzuheben«. Aber ob solche Ingenieurskunst den Naturgewalten trotzen kann, ist ungewiss und hängt nicht zuletzt von den tatsächlichen künftigen Pegelständen ab. Es gibt mancherlei Vorschläge, wie man mit Erfindergeist und neuen Techniken dem Klimawandel begegnen könnte. Besser aber wäre es, diese auf die Vermeidung seiner Ursachen zu konzentrieren als an den Symptomen herumzudoktern.

Nutznießer und Beutegeier

Aber es gibt auch Profiteure des Klimawandels. Darunter sind ganz kühle Rechner, die auf Weinanbau in Wales setzen oder auf neue Schiffsrouten entlang des Nordpols. Besonders Reeder machen sich große Hoffnungen auf die Zeit geringerer Eisschichten. Schon um das Jahr 2015 wird das Polarmeer für normale Schiffe sechs Monate im Jahr befahrbar sein. Quer durch die arktischen Gewässer braucht ein Erdöltanker von Murmansk an der Barentssee bis zur kanadischen Küste nur eine Woche – nicht einmal halb so lange wie von Abu Dhabi, Vereinigte Arabische Emirate, nach Galveston, Texas. Tanker von Venezuela nach Japan könnten auf der Polroute sogar 12 000 Kilometer sparen.

Neuen Geldsegen bringt das Tauwetter auch den

Immer gefroren Permafrostboden – auch Dauerfrostboden genannt – ist das ganze Jahr über gefroren, das heißt die Temperatur bleibt bei höchstens null Grad. Die größten Gebiete davon befinden sich in Richtung der beiden Pole, also zum Beispiel in Nordkanada, Alaska, Grönland, Ostsibirien, aber auch in der Mongolei. Durch die Erwärmung der Atmosphäre ist die Permafrostgrenze bereits sichtbar nach Norden vorgerückt. Als Folge werden Schäden an Straßen und Häusern beobachtet, die dort, wo der Permafrost auftaut, auf Schlamm oder Morast stehen. Einige Wissenschaftler befürchten, dass ein weiteres Auftauen der gefrorenen Böden eine Rückkopplung verursacht, weil sich dort gebundener Kohlenstoff befindet, der dann als Treibhausgas Methan in die Atmosphäre gelangen und den Klimawandel erst recht noch befeuern könnte.

Skandinaviern, besonders den öl-und gasreichen Norwegern. In Hammerfest ist eine teure Gasverflüssigungsanlage im Bau, die vor allem den nordamerikanischen Markt versorgen soll und sich durch schnellere Routen bald bezahlt gemacht haben dürfte.

Auch viele Russen lässt die Erderwärmung kalt. Sie sei kein Grund zur Aufregung, sagen sie. Wenn Russland zwei, drei Grad wärmer würde, könnten in Teilen von Sibirien blühende Landschaften entstehen, die Menschen bräuchten nicht mehr so zu heizen, und die Landwirtschaft könnte mehr produzieren. Möglich, dass moderat höhere Temperaturen hier und dort positive Folgen haben können, aber der Anstieg wird sich nicht kontrolliert auf ein erträgliches Maß begrenzen lassen, wenn nicht grundsätzlich gegengesteuert wird. Wer nur auf vordergründige »Erträge« des Temperaturanstiegs aus ist, handelt kurzsichtig und riskant, denn langfristig wird der Klimawandel nur Verlierer zurücklassen.

Ein wirksamer, weltweit abgestimmter Aktionsplan gegen den Klimawandel ist bisher noch nicht erarbeitet. Dabei sind wir nicht mit irgendeiner Science-Fiction-Welt konfrontiert, sondern mit sehr realen Aussichten auf unsere eigene Zukunft. Trotzdem kommt die Menschheit nicht zur Vernunft, scheint angesichts der drohenden Katastrophe erst noch einzuheizen statt einzuhalten: Der Ausstoß an Kohlendioxid steigt ungeachtet aller Warnungen weiter. Und am härtesten treffen die Auswirkungen ausgerechnet die, die den Klimawandel nicht zu verantworten haben. Zum Beispiel die Kogis.

Ökologische Aggression

Die Sierra Nevada de Santa Martha ist ein wildes, vom Menschen kaum erschlossenes Hochland in Kolumbien. Dort leben die Kogis, ein von der Außenwelt abgeschotteter Indianerstamm, den es einst wohl von der mexikanischen Halbinsel Yucatán in diese vergessene Welt verschlagen hat. Sie kennen keine Schriftsprache, sondern erhalten ihre Traditionen durch mündliche Überlieferung, in nächtelangen Zusammenkünften.

Eines Tages im Jahr 2002 nahm der Umweltminister Kolumbiens einige Ministerkollegen aus verschiedenen Erdteilen mit zu einer Exkursion in diese bizarre Höhenwelt der Anden, 6000 Meter hoch. Die Kogis begrüßten die Besucher mit einer traditionellen Zeremonie. Ohne ein Wort ihrer Sprache zu verstehen, spürten alle sofort ihre überbordende Gastfreundschaft. Aber es war auch zu greifen, dass irgendetwas die Menschen bedrückte. Im Verlauf eines Gesprächs, das mit viel Körpersprache übersetzt wurde, erfassten die Gäste allmählich den Grund für die Sorge ihrer Gastgeber: Seit mehreren Jahren schon blieben Regenfälle in einer Zeit aus, die sie für ihre traditionelle Landbewirtschaftung brauchten. Über Generationen hinweg waren die Menschen dort an den Wechsel von trockenen und regenreichen Perioden gewöhnt, diese Wetterabläufe waren eine verlässliche Grundlage und Grundbedingung für ihr Überleben. Ihr ganzes Dasein war darauf ausgerichtet und von diesem Wechsel abhängig.

Nach den Kriterien der Vereinten Nationen sind die Kogis extrem arm. Sie verfügen nicht einmal über einen Dollar pro Tag – sie besitzen überhaupt kein Geld. Die Natur ist ihr Reichtum, und bis dahin lieferte sie alles, was sie zum Leben brauchten: Nahrungsmittel, ausreichend sauberes Trinkwasser, Medizin, Baumaterial, Feuerholz. Genau genommen waren sie damit viel reicher als mancher Zeitgenosse in der nächsten großen Stadt, Santa Martha, die, in Kilometern gerechnet, gar nicht so weit weg von dieser eigentümlichen Höhenwelt liegt, mit Blick auf die Lebensbedingungen aber Lichtjahre entfernt ist.

Seit einigen Jahren also hatte sich das Wetter für die Kogis gewandelt und damit ihr ganzes Leben verändert. Nächtelang zermarterten sie sich den Kopf, woran es nur liegen könnte. Sie versuchten, ihre Götter durch besondere Opfergaben zu besänftigen. Aber nichts half. Schließlich kamen die Ältesten zu dem Schluss, die jüngere Generation sei schuld. Ihr »unordentliches Leben« und respektloses Verhalten habe die Götter der Natur verärgert. Und nun bekämen alle deren Zorn zu spüren. Folge dieses Urteilspruchs waren soziale Spannungen in dieser bis dahin zwar traditionell festgefügten, aber friedlichen Gemeinschaft. Die Instabilität der Natur gefährdete plötzlich das soziale Gefüge des Stammes.

Die Besucher versuchten zu erklären, dass die Wetterveränderungen wohl auf den globalen Klimawandel zurückzuführen seien, der durch den steigenden Verbrauch von Kohle, Öl und Gas hervorgerufen werde. Die Kogis verstanden nicht, wovon ihre Gäste sprachen; sie kämpften mit den Folgen eines Phänomens, an dessen Entstehung sie nicht beteiligt waren. Ihr Lebensstil hatte die Atmosphäre nicht mit Kohlendioxyd belastet und nicht zu steigenden Temperaturen beigetragen. Und dennoch waren sie von den Auswirkungen unmittelbar betroffen: Das ist eine wahrhaft »ökologische Aggression«, denn die Kogis zahlen mit der Zerstörung ihrer natürlichen Lebensgrundlage für das unverantwortliche Verhalten anderer.

Ihr Schicksal mag angesichts der globalen Dimension des Klimawandels unbedeutend wirken, wie »Peanuts« eben. Aber es zeigt beispielhaft, dass die Armen dieser Welt den höchsten Anteil der Zeche zahlen; und sie zahlen als Erste, weil sie mit der Natur unmittelbarer verbunden sind, stärker von ihr abhängen. Wetterextreme erleben viele Orte dieser Welt, aber dort, wo es keine festen Häuser, keine Deiche, keine Wasserreservoirs gibt, sind die Menschen Wüsten, Dürren, Überschwemmungen hilf- und schutzlos ausgeliefert. Sie trifft die ökologische Aggression besonders hart. Daran können nur die reichen Länder durch eine drastische

Verringerung ihres CO_2-Ausstoßes etwas ändern. Die Schwellenkinder, die sich wirtschaftlich sehr schnell entwickeln, müssen daran ebenfalls mitwirken. Politische Bemühungen, darüber zu internationalen Vereinbarungen zu kommen, gibt es. Ihre bisherigen Ergebnisse aber lassen wenig hoffnungsfroh in die Zukunft blicken.

Das Kyoto-Protokoll

Die jüngsten Zahlen des UN-Klimasekretariats verheißen nichts Gutes. Zwar sind die Emissionen der Industrieländer zwischen 1990 und 2004 um etwa drei Prozent gesunken, aber das gelang nur, weil die Länder Osteuropas in dieser Zeit einen fast völligen Zusammenbruch ihrer Wirtschaft erlebten und dadurch mehr als ein Drittel ihres Kohlendioxid-Ausstoßes »einsparten«. Die übrigen Industriestaaten hingegen haben in der gleichen Zeit 11 Prozent mehr Treibhausgase in die Atmosphäre geblasen. Und die restliche Welt ist noch gar nicht am CO_2-Sparen beteiligt, sodass die Emissionen insgesamt zunehmen. Von einer Kehrtwende kann also keine Rede sein.

Dabei hatten sich die führenden Politiker der Welt schon 1992 beim Umweltgipfel in Rio de Janeiro auf eine Klimarahmenkonvention verständigt und waren darin übereingekommen, »die Stabilisierung der Treibhausgaskonzentration auf einem Niveau zu erreichen …, dass sich die Ökosysteme auf natürliche Weise den Klimaänderungen anpassen können, die Nahrungsmittelerzeugung nicht bedroht wird und die wirtschaftliche Entwicklung auf nachhaltige Weise fortgeführt werden kann«.

Einige Jahre später, 1997, folgte das Kyoto-Protokoll, so benannt nach dem japanischen Verhandlungsort Kyoto, das verbindliche Ziele für den Ausstoß von

Gut für die Wirtschaft Ein Einwand gegen das Kyoto-Protokoll lautet stets, eine Verminderung des Kohlendioxid-Ausstoßes schade der Wirtschaft. Dieses Argument hat Nicholas Stern – früherer Chefvolkswirt der Weltbank – im Oktober 2006 endgültig entkräftet. Im Auftrag der britischen Regierung stellte er auf 600 Seiten umfangreiche Analysen und Berechnungen an, die vor allem eines zeigen: Untätigkeit schadet der Wirtschaft noch viel mehr. Klimapolitik ist die beste Wirtschaftspolitik, lautet sein Fazit. Denn sie kostet etwa ein Prozent des weltweiten Bruttoinlandsproduktes (BIP), während der Verzicht darauf Kosten von bis zu 20 Prozent des BIP verursachen und ökonomische Verwerfungen heraufbeschwören könnte, die nur mit den durch die Weltkriege oder die große Depression der dreißiger Jahre verbundenen Rückschlägen vergleichbar wären. Je früher agiert wird, desto besser und desto geringer die Kosten. Rettung ist möglich, lautet Sterns Botschaft, aber nicht mehr lange.

Treibhausgasen enthält. Es schreibt 40 Industrienationen vor, ihre Emissionen bis 2012 um 5,2 Prozent unter das Niveau von 1990 zu senken. Ob die Minderungsziele erreicht werden, steht noch nicht fest. Denn wichtige Länder wie die USA und Australien sind aus dem Vertrag ausgeschert, weil sie ihn für »fehlerhaft und schädlich« halten. Die amerikanische Wirtschaft leide zu sehr, wenn sie beim Energieverbrauch derart beschnitten werde, lautet immer wieder die Begründung aus Washington. Inzwischen sehen das selbst große und wichtige Unternehmen in den USA ganz anders. Sie fordern von der Bundesregierung endlich klare Grenzwerte für den Ausstoß von Kohlendioxid. Und mancher Einzelstaat, allen voran Kalifornien mit dem bekannten Gouverneur Schwarzenegger, wartet nicht mehr auf Vorgaben aus Washington, sondern geht von sich aus entschlossen gegen den Klimawandel vor.

Aber nicht nur die Politik, auch der Verbraucher kann etwas tun, um weniger Kohle, Öl und Gas zu verbrauchen. Verlangt wird nicht mehr als ein wesentlich überlegteres Handeln im Alltag: ob man das Licht wirklich anmachen, den Fernseher laufen lassen, das Bügeleisen heiß werden lassen muss, ob das Bad nötig ist, die Fahrt mit dem Auto sein muss, besonders dann, wenn man auch das Fahrrad oder die U-Bahn benutzen oder zu Fuß gehen könnte. Massives Energiesparen kann in Wohngebäuden durch eine bessere Isolierung, durch den Einsatz von Sonnenenergie und Erdwärme erreicht werden. Null-Energie-Gebäude, ja sogar energieerzeugende Gebäude sind keineswegs Utopie. Wohlgemerkt: Es geht nicht um eine Rückkehr in vorindustrielle Zeiten, sondern um den bewussten und sinnvollen Einsatz von Energie.

Wie die Senkung erreicht wird, ob durch neue Techniken, zum Beispiel effizientere Kraftwerke mit wesentlich höherer Ausnutzung von Kohle oder Gas, das bleibt jedem Land selbst überlassen. Da gibt es viele Möglichkeiten, an denen nicht nur die Wirtschaft ihren Anteil hat. Fest steht aber: Die Industrieländer müssen bis zur Mitte dieses Jahrhunderts ihren CO_2-Ausstoß um mindestens 60 Prozent senken. Um das zu erreichen, bedarf es noch großer Anstrengungen. Alle denkbaren Maßnahmen müssen ergriffen werden – eine konsequente Erhöhung der Energieeffizienz ebenso wie der breite Einsatz erneuerbarer, CO_2-freier Energien.

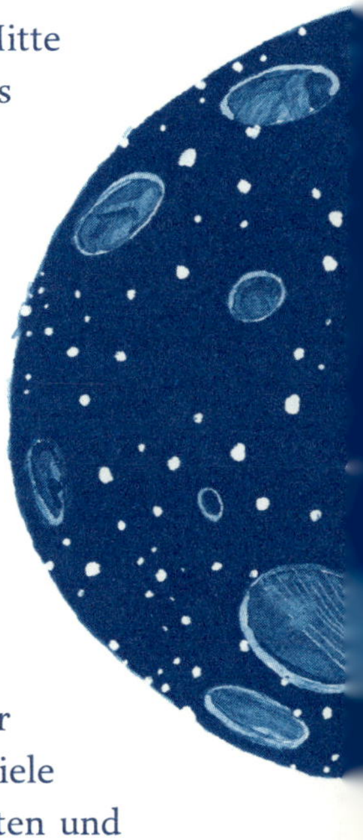

Ein bescheidener Anfang

Deutschland liegt bisher mehr oder weniger auf Kurs, konnte einen großen Teil der hohen Zielvorgaben aber nur einhalten, weil in Ostdeutschland nach der Wende viele energieintensive Industriebetriebe dicht machen mussten und wenig effiziente Braunkohlekraftwerke durch moderne ersetzt wurden. So führt die Bundesrepublik zusammen mit Großbritannien die Liste der größten Sparer in Westeuropa an.

Emissionshandel Ein Instrument, um Unternehmen zum sparsameren Umgang mit Energie zu bewegen, ist der Emissionshandel, den es in der Europäischen Union seit Anfang 2005 gibt. Zum ersten Mal ist Kohlendioxid mit einem Preis verbunden, die kostenlose Nutzung der Atmosphäre für CO_2 geht in den Industrieländern dem Ende entgegen. Dazu vergibt die öffentliche Hand Emissionszertifikate an betroffene Betriebe (bisher hauptsächlich Kraftwerke und große Energieanlagen), die sie zu einer gewissen Menge an Emissionen berechtigen. Die Zertifikate können zwischen Betrieben frei gehandelt werden, der Preis bestimmt sich durch Angebot und Nachfrage. Jedes Unternehmen kann also entscheiden, ob es Zertifikate zukauft, weil es mehr Kohlendioxid ausstoßen will, oder ob es seine Emissionen lieber verringert.

Ganz anders sieht es in Spanien, Italien, Kanada, USA, Japan und Australien aus. Sie sind von den Kyoto-Verpflichtungen noch weit entfernt. Australien zum Beispiel hat seinen Kohlendioxid-Ausstoß nicht, wie vorgesehen, um acht Prozent gesenkt, sondern um mehr als 22 Prozent gesteigert und das Protokoll im Übrigen auch noch gar nicht anerkannt.

Dabei ist das alles nur ein bescheidener Anfang. Das Kyoto-Protokoll bezieht die Entwicklungs- und Schwellenländer wie China und Indien – insgesamt 150 an der Zahl – zwar ein. Für sie wurden jedoch noch keine Minderungspflichten und Zeitpläne festgesetzt. Angesichts des weltweit höchst unterschiedlichen Pro-Kopf-Verbrauchs ist dieses Vorgehen auch durchaus verständlich: ein US-Amerikaner verbraucht zwanzigmal mehr als ein Inder. Da klafft eine große Kluft zwischen Wohlstand und Armut auf der Welt. Und: Die Schwellen- und Entwicklungsländer haben einen enormen wirtschaftlichen Nachholbedarf, wenn sie den Kampf gegen Armut gewinnen wollen. Deshalb müssen die Industrieländer durch umfassende Minderungen Freiräume für die Entwicklungsländer schaffen. Eine enge Zusammenarbeit bei Energietech-

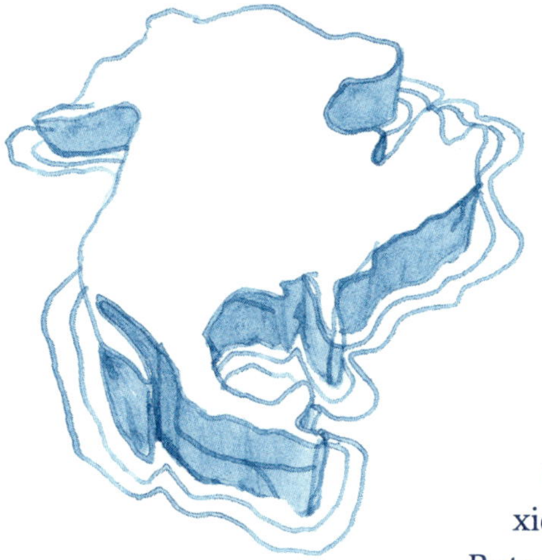

niken ist ebenfalls unabdingbar, damit die Entwicklungsländer ihr notwendiges Wirtschaftswachstum auf eine andere, weniger kohlenstoffhaltige Energieversorgung gründen.

Weil in China jedoch viermal so viele Menschen leben wie in den Vereinigten Staaten, ist dessen Gesamtausstoß an Kohlendioxid selbst bei einer deutlich niedrigen Pro-Kopf-Rate sehr hoch und wird schon bald das Gesamtniveau der USA erreichen. Daher ist es notwendig, die schnell wachsenden Schwellenländer in eine globale Klimapolitik einzubinden. Da auch Staaten wie China und Indien die negativen Folgen des Temperaturanstiegs bereits spüren, dürften sie ein gesundes Eigeninteresse an wirksamen Gegenmaßnahmen haben. 1992 in Rio hat die Völkergemeinschaft bereits festgestellt, dass die Staaten der Welt eine »gemeinsame, aber unterschiedliche Verantwortung« für den Schutz der Umwelt haben. Dieser Verantwortung werden die Schwellenländer umso eher nachkommen und für gemeinsame Aktionsprogramme eintreten, je mehr die Industriestaaten, die ihr Kohlendioxid-Konto bereits weit überzogen haben, mit gutem Beispiel vorangehen.

Denn das Kyoto-Protokoll, das 2005 schließlich in Kraft trat, ist lediglich ein erster Schritt im Kampf gegen den Klimawandel. Die vereinbarten CO_2-Minderungen reichen bei weitem nicht aus, um den globalen Temperaturanstieg auf das noch beherrschbare Maß von zwei Grad Celsius zu begrenzen. Dafür müssten die Treibhausgasemissionen bis zur Mitte des Jahrhunderts mehr als halbiert werden. Wir stehen aber erst bei 5,2 Prozent – und noch ist unsicher, ob diese Zusagen überhaupt eingehalten werden.

Weil wir inzwischen wissen, dass der Klimawandel nicht mehr nur eine einschneidende Erfahrung im Le-

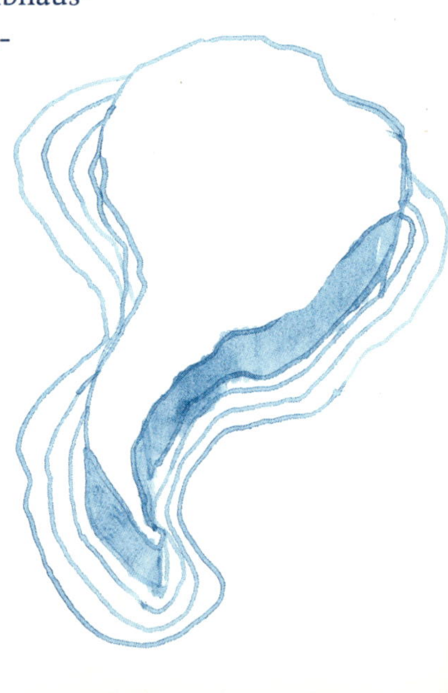

ben unserer Kinder und Enkel sein wird, sondern unsere eigene Gegenwart und Zukunft geworden ist, scheint er allmählich auch die verantwortlichen Politiker aufzurütteln. Während der amerikanische Präsident George W. Bush noch vor einigen Jahren jeden Zusammenhang zwischen Industrieproduktion und klimatischen Schwankungen bestritten hat, spricht er inzwischen immerhin von einem ernsten »Problem«. Doch bisher treiben ihn allein wirtschaftliche Überlegungen zu der Forderung an, die »Sucht nach Öl« der amerikanischen Gesellschaft zu beenden, Energiesparen ganz groß zu schreiben und erneuerbare Energien einzusetzen und weiter zu entwickeln.

Andere meinen, der Klimawandel sei zu »einer brutalen und drängenden Realität« geworden und die »größte Bedrohung für die Menschheit« (Ex-Staatspräsident Jacques Chirac). Es blieben nur noch wenige Jahre, um dem Klimawandel entgegenzutreten und »den Planeten zu retten«, mahnt gar Tony Blair. Der Klimawandel »ist das Einzige, das die Zivilisation beenden könnte und alles andere unwichtig macht« (Ex-Präsident Bill Clinton).

Den Aussagen müssen bald Taten folgen. 2012 läuft das Kyoto-Protokoll aus, die Verhandlungen für eine Nachfolgeregelung kommen nur schleppend voran. Währenddessen tickt die Uhr. Ein amerikanischer Kongress-Abgeordneter sagte vor einigen Jahren bezüglich des Klimawandels resigniert: »Diese Sache ist zu groß für uns kleine Politiker.« Aussagen wie diese dürfen nicht zur allgemeinen Linie werden.

Tatsache ist: Die Menschheit hat bei weitem noch nicht genug getan, um den Klimawandel abzumildern. Was wir brauchen, ist eine Energiewende, bei der wir fossile Brennstoffe sehr viel effizienter und »sauberer« einsetzen und in weiteren Schritten die einseitige Abhängigkeit davon allmählich beenden. Für dieses Vorgehen gäbe es selbst ohne drohende Wetteränderungen gute Gründe: Öl, Gas, Kohle sind endlich, sie werden irgendwann aufgebraucht sein. Wir müssen uns also ohnehin umstellen. Fangen wir am besten früher als später damit an!

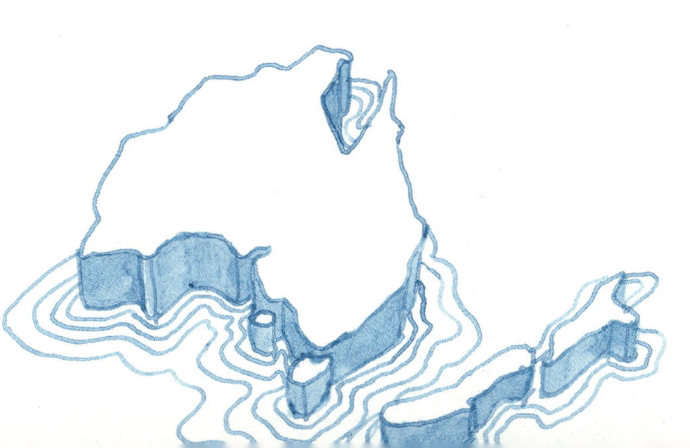

Wenn die Quellen versiegen

Energie ist der Motor des modernen Lebens. Ohne Öl und Gas, ohne Strom und Benzin käme er schnell ins Stottern und unser Alltag in Aufruhr. Fast alles, was wir tun, braucht Energie. Und selbst, wenn wir nichts tun – schlafen –, läuft die Heizung, tickt der elektrische Wecker, brummt der Kühlschrank. Energie ist das Herzstück unserer Wirtschaft, und die wiederum sichert uns Annehmlichkeiten, um die uns viele Menschen in der Welt beneiden. Aber in Zukunft wird der Nachschub nicht mehr so billig und selbstverständlich zu haben sein wie im ausgehenden 20. Jahrhundert. Denn die Quellen versiegen langsam. Zugleich versuchen immer mehr Länder durch Wirtschaftswachstum der Armutsfalle zu entkommen, in der sie so lange verzweifelt gesteckt haben. Das aber wird den Energiebedarf noch steigern, sodass die Vorräte noch schneller abgebaut werden. Manche sehen in der Kernkraft – zumindest für eine Übergangszeit – eine Alternative, weil sie unabhängig macht von ölexportierenden Staaten und das Klima nicht schädigt. Aber bisher haben wir noch keine Lösung für eine sichere Lagerung des strahlenden Atommülls gefunden, und auch der Missbrauch der Atomenergie für militärische Zwecke kann kaum ausgeschlossen werden. Ungefährlicher ist es, auf mehr Energiesparen, mehr Energieeffizienz und den verstärkten Einsatz von erneuerbaren Energien zu setzen.

Die Gier der Menschen nach Öl ist unersättlich, das »schwarze Gold« hingegen nicht unerschöpflich. Öl, Kohle und Gas sind endlich, und das bekommen wir allmählich schmerzhaft zu spüren, vor allem in unserem Geldbeutel: Die Preise für Benzin, Heizöl und Gas schnellen unaufhaltsam in die Höhe. Während ein Liter Normalbenzin im Jahr 1950 noch 28,6 Cent kostete, musste man 1988 schon 47,1 Cent, 1999 84,1 und im Februar 2007 stolze 118,9 Cent je Liter bezahlen. Doch der weltweite Bedarf an Energie wächst weiter. Mit Riesenschritten marschieren wir dem Ende entgegen. Und was dann? Wie wärmen wir unsere Zimmer, wie beleuchten wir Straßen, Häuser und Tunnels? Wie kommen wir ins Büro, und vor allem: wie organisieren wir Produktion und Transport von Waren, ohne die unsere arbeitsteilige Welt längst nicht mehr auskommt?

Selbst der amerikanische Präsident, einst auch im Ölgeschäft tätig, sprach in seiner Rede zur Lage der Nation Anfang 2006 zum ersten Mal die bittere Wahrheit aus: Sein Land, sagte er, sei »süchtig nach Öl«, und müsse sich dringend aus dieser Abhängigkeit befreien. Der Mann aus Texas hat guten Grund, sein Land zum Ölentzug zu mahnen. Keine Volkswirtschaft verschlingt so große Mengen des Rohstoffs wie die amerikanische – und kein Land bläst mehr Kohlendioxide in die Luft als die USA. Mit nur fünf Prozent der Weltbevölkerung stehen sie für ein Viertel des globalen Ölverbrauchs. Um eine Einheit ihres Sozialproduktes zu erwirtschaften, benötigen die USA fast doppelt so viel Energie wie Deutschland.

Allzu lange haben besonders Amerikaner – aber nicht nur sie – so gelebt, als würden die Quellen nie versiegen.

Der Sonnenstaat »California«, der progressive Bundesstaat im Westen der USA, hat sich ein ehrgeiziges Ziel gesteckt: Bis zum Jahr 2017 sollen eine Million Gebäude mit Solardächern ausgerüstet sein. Dadurch könnten 2,3 Millionen Kalifornier mit sauberer Energie versorgt werden. Zurück geht das Programm auf »Initiator« Arnold Schwarzenegger, den eigenwilligen Gouverneur des Sonnenstaates. Der frühere Schauspieler, den manche schon als »grünen« Hoffnungsträger betrachten, ignoriert nicht zum ersten Mal die eigene republikanische Parteilinie.

Wer schon einmal in den Vereinigten Staaten war, konnte mit eigenen Augen den sorglosen Umgang mit Energie beobachten. Im Sommer werden Klimaanlangen angeworfen, im Winter die Räume überheizt, die Häuser sind meist schlecht gedämmt, und zum Auto gibt es in vielen Gegenden keine Alternative. Nachdem Benzin lange Zeit unvertretbar billig war, bekommen die Verbraucher den Preisschub für Rohöl und Benzin jetzt besonders stark zu spüren und leiden darunter. Denn über Jahrzehnte hatten sie sich an die billige und selbstverständliche Verfügbarkeit von Öl und Benzin gewöhnt, ihre Regionalplanung und ihre Infrastruktur, ihren Städtebau und ihre Häuser, ihr Verhalten und auch ihre Industrie darauf abgestellt.

Doch ein Gutes hat auch das: Zum ersten Mal denkt man in den Vereinigten Staaten über eine Zeit ohne – oder jedenfalls mit weniger – Öl nach, will schon in den nächsten Jahren einen Teil durch alternative Energien ersetzen und das Energiesparen zum herausfordernden Auftrag machen. Einstweilen rät die amerikanische Regierung ihren Bürgern, mit den Autos langsamer zu fahren, nicht abrupt zu bremsen oder zu beschleunigen, verschiedene Besorgungen zusammenzulegen und möglichst häufig Fahrgemeinschaften zu bilden. Durchaus richtige und nützliche Tipps, die in Deutschland schon vor gut zwanzig Jahren gegeben, wenn auch nicht immer beherzigt wurden.

Energiehungrig

Doch die USA heizen längst nicht allein den weltweiten Energiebedarf an: Die so genannten Schwellenländer wie China und Indien, Südafrika und Mexiko haben mit der industriellen Aufholjagd begonnen, wollen Armut und Unterentwicklung überwinden. Dafür brauchen sie zusätzliche Ressourcen – und verfeuern jedes Jahr mehr Öl, Gas und Kohle. Der Hunger nach Energie ist noch längst nicht gesättigt. Bis zum Jahr 2030, so hat die Internationale Energieagentur errechnet, wird sich, wenn wir nicht umsteuern, der weltweite Bedarf an Öl um noch einmal die Hälfte steigern.

Nach Schätzungen der Vereinten Nationen verfügen 1,6 Milliarden Menschen bis heute über keinen Stromzugang. Um sie aus der Armut zu holen – ein erklärtes Ziel der Staatengemeinschaft –, wird man sie baldmöglichst mit Strom, mit moderner, sauberer Energie versorgen müssen. Denn die Überwindung von Energiearmut ist eine entscheidende Voraussetzung für die Überwindung von Armut überhaupt. Dadurch aber gehen die fossilen Vorräte immer schneller zur Neige. Die Party ist zu Ende, stellen Fachleute inzwischen ernüchtert fest, wir haben die Post-Öl-Ära erreicht.

Riesenappetit China mit seinen 1,3 Milliarden Einwohnern hat sich in kurzer Zeit zum zweitgrößten Ölkonsumenten der Erde entwickelt. Diesen gewaltigen Zuwachs kann das Land durch eigene Ölfelder – über die es sehr wohl verfügt – schon lange nicht mehr decken: Die Importe sind sprunghaft gestiegen. Im Jahr 2004 hat China mehr als vier Mal so viel Öl eingeführt wie noch sechs Jahre zuvor. Dabei leben zwei Drittel der Chinesen auf dem Land, wo man noch nicht selbstverständlich über Kühlschränke, Waschmaschinen oder gar Autos verfügt. Um wie viel größer wird der Bedarf erst sein, wenn der Lebensstandard der Chinesen auf das Niveau unseres Mittelstandes steigt, wenn auch sie sich mehr Komfort im Alltag leisten können?

Die Stromfresser Kühl- und Gefrierschränke, Wasch- und Kaffeemaschinen sowie alle anderen Haushaltsgeräte verbrauchen den meisten Strom in deutschen Privathaushalten. Auch das Bügeleisen, der Trockner und der Herd sind Stromfresser. Danach aber folgen schon Computer, Telefon, Fax, DVD und Fernseher, die zusammen etwa zehn Prozent ausmachen – Tendenz steigend. Sorgloser Umgang, weil die Unterhaltungselektronik den »Kohl sowieso nicht fett macht«, ist also nicht angebracht.

Dabei dauert das Zeitalter noch gar nicht lange. Nicht einmal 150 Jahre sind vergangen, seit die erste kommerzielle Ölquelle angezapft wurde. Und doch hat sich seither ein grundlegender Wandel eingestellt. Nach der Erfindung der Dampfmaschine, die die Grundlage der ersten industriellen Revolution gebildet hatte, krempelte der auf fossilen Energieträgern beruhende Industrialismus das tägliche Leben so sehr um, dass wir uns eine Existenz ohne flächendeckende Energieversorgung überhaupt nicht mehr vorstellen können.

Heute vergeht fast keine Minute, in der wir nicht in irgendeiner Form Strom, Benzin oder Heizöl verbrauchen. Meist nutzen wir mehrere Geräte gleichzeitig, hören Radio, während wir frühstücken, telefonieren, während wir E-Mails abrufen, haben die Heizung an, während wir noch schnell eine Bluse bügeln, um wenig später mit dem Bus in die Stadt zu fahren, den MP3-Player im Ohr. Im Urlaub fliegen wir um die halbe Welt, am Wochenende besuchen wir Freunde am anderen Ende der Republik, gehen ins Spaßbad oder ins Kino, und selbst wenn wir – völlig energiefrei – spazieren gehen, nehmen wir zur Anfahrt nicht selten den Wagen oder transportieren das Fahrrad auf dem Autodach. Ein abruptes Versiegen unserer Hauptenergiequellen, Öl, Gas, Kohle, würde unser Leben auf einen Schlag grundlegend ändern – allerdings würden wir dann die Atmosphäre mit erheblich weniger Kohlendioxid belasten und dem Klimawandel nicht weiter, wie bisher, Vorschub leisten.

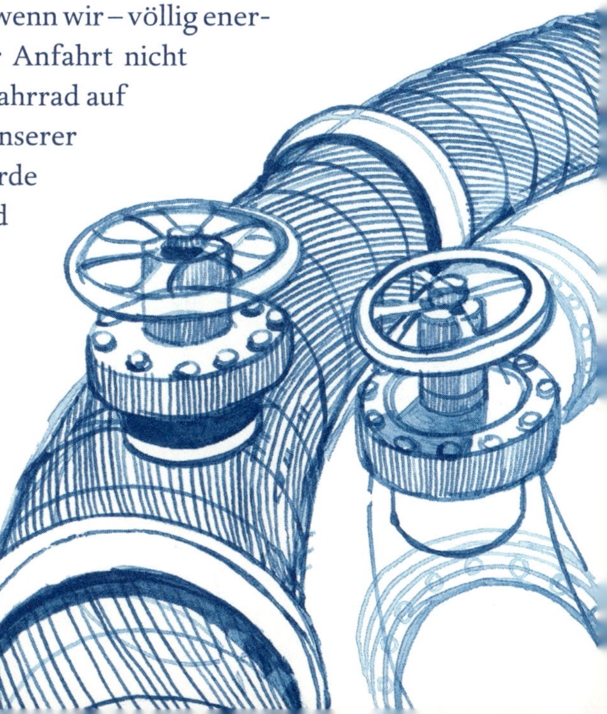

»Schwarzer Stein« und »schwarzes Gold«

Unsere Vorfahren in früheren Jahrhunderten machten, zumindest in Europa, vieles mit Holz, denn Bäume gab es genügend. Sie bauten Möbel und Karren, Schiffe und Häuser daraus, sie nutzten es zum Kochen und Heizen. Beim Antrieb von Eggen, Mühlen und anderem Gerät legten die Menschen entweder selbst Hand an oder setzten Tiere ein. Zur Beleuchtung verbrannten sie Wachs, Talg, Binsen- oder Olivenöl, das sich viele jedoch nicht leisten konnten. Als Städte wie Berlin im 19. Jahrhundert zum ersten Mal im Lichterglanz erstrahlten, war das für die Menschen ein richtiges Wunder.

Kohle, obwohl durchaus bekannt, hielt man lange Zeit für einen minderwertigen Brennstoff, weil der »schwarze Stein« so viel Ruß und Rauch erzeugte. Erst als Holz knapper wurde, da man Wälder schneller abholzte, als sie nachwachsen konnten, begannen arme Leute, ihr Haus mit Kohle zu heizen. Später entdeckte man, dass ein Kohlefeuer sich gut für die Metallverarbeitung eignete, weil es höhere Temperaturen ermöglicht – die Hufeisen für Pferde konnte man darin formen oder Eisenmäntel für Karrenräder, Haken und Nägel, Türgriffe und Kochgeräte. Die Menschen fingen an, die Vorzüge von Kohle (und Koks) zu schätzen.

Bis zum 17. Jahrhundert war die Kohle für viele Fertigungspro-

Pflanzen werden zu Kohle Kohle entwickelt sich aus pflanzlichen Bestandteilen, also aus Biomasse, die unter Luftabschluss standen und anschließend großem Druck und Wärme ausgesetzt sind. Wasser, so vorhanden, verflüchtigt sich nach und nach, und es entsteht die ältere Stein- oder die jüngere Braunkohle. Am hochwertigsten ist die Steinkohle, weil sie aufgrund ihres Alters hauptsächlich aus Kohlenstoff besteht und damit einen guten Brennwert hat. Die Braunkohle dagegen ist weniger verdichtet, oft schwefelhaltiger und deshalb »schmutziger«, ihr Brennwert ist geringer als der von Steinkohle.

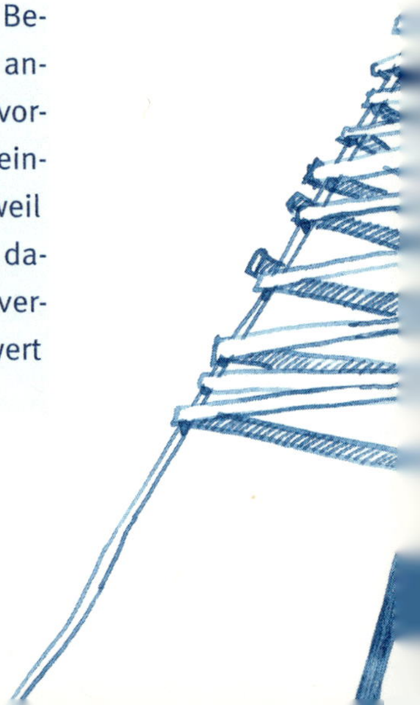

Ein kostbarer Stoff Die Natur braucht einige Hundert Millionen Jahre, um Erdöl herzustellen. Dafür sammeln sich abgestorbene Kleinlebewesen am Meeresboden, von Schlamm luftdicht umschlossen und von Erdschichten überlagert, bis im Laufe der Zeit ein isolierter Raum entsteht. Bakterien zersetzen die organischen Teile in einfachere Verbindungen; unter Druck und Wärme entsteht daraus am Ende ein Gemisch von Kohlenwasserstoffverbindungen.

zesse – ob beim Bierbrauen oder Brennen von Dachziegeln – schon fast unverzichtbar geworden. Mit der Erfindung der Dampfmaschine im 19. Jahrhundert erlebte sie dann aber einen richtigen Boom. Weitere industrielle Fortschritte waren die Folge und bescherten dem Handel – auch über Grenzen hinweg – einen starken Aufschwung. Auf dem Höhepunkt ihrer Nutzung deckten Braun- und Steinkohle 90 Prozent des weltweiten Energiebedarfs. Während sie das 19. Jahrhundert entscheidend prägten, ist das 20. Jahrhundert untrennbar verbunden mit dem Rohstoff Öl, obwohl weltweit immer mehr Kohle genutzt wird.

Auch Erdöl kannten die Menschen schon seit Jahrhunderten, vielleicht sogar Jahrtausenden. Aber es wurde nur in den kleinen Mengen genutzt, die an einigen Stellen an die Oberfläche quollen. Erst durch Bohrungen in Amerika Mitte des 19. Jahrhunderts wurde Mineralöl in größerem Maß gebraucht, damals meist noch als Schmiermittel und, zu Kerosin raffiniert, als Lampenbrennstoff.

Den Beginn des Erdölzeitalters markiert das Jahr 1859, als der ehemalige Schaffner Edwin Drake im amerikanischen Bundesstaat Pennsylvania zum ersten Mal erfolgreich nach Öl bohrte. Zwei Monate hatten er und seine Männer daran gearbeitet, immer tiefer ins Erdreich einzudringen. Sie setzten Dampfmaschinen als

Hilfsgerät ein – ohne Erfolg. Als man 21 Meter erreicht hatte, ging Drake das Geld aus. Die Sache schien aussichtslos. Man wollte das Unternehmen schon abbrechen, als die Mannschaft plötzlich feststellte, dass Öl im Bohrloch hochstieg. Über Nacht wurde aus dem Fundort, dem Bauernstädtchen Titusville, eine Art Goldgräberstadt mit hastig errichteten Baracken und Bohrgerüsten. Überall schossen Bohrtürme aus dem Boden, nur ein Jahr später waren es schon 2000. Der Lärm fauchender Dampfmaschinen erfüllte die ganze Gegend.

Bald wurde auch andernorts in Nordamerika nach Öl gesucht, denn die Vorkommen in Pennsylvania waren verhältnismäßig klein und viele schon nach wenigen Jahren erschöpft. In Kalifornien entdeckte man in den 1890ern riesige Vorkommen, später kam Texas als das »Ölland« schlechthin dazu. Im Jahr 1901 wurde dort der bis dahin größte Fund gemacht: 10 000 Tonnen Rohöl schossen täglich als riesige Fontäne in die Luft. Etwas Derartiges hatte die Welt noch nicht gesehen.

Obwohl man auch in Russland, in Aserbeidschan und später im heutigen Indonesien fündig wurde, blieben die Vereinigten Staaten bis weit ins 20. Jahrhundert hinein führend bei der Ölproduktion. Die großen Ölfelder am Persischen Golf erschloss man erst ab den fünfziger Jahren des letzten Jahrhunderts.

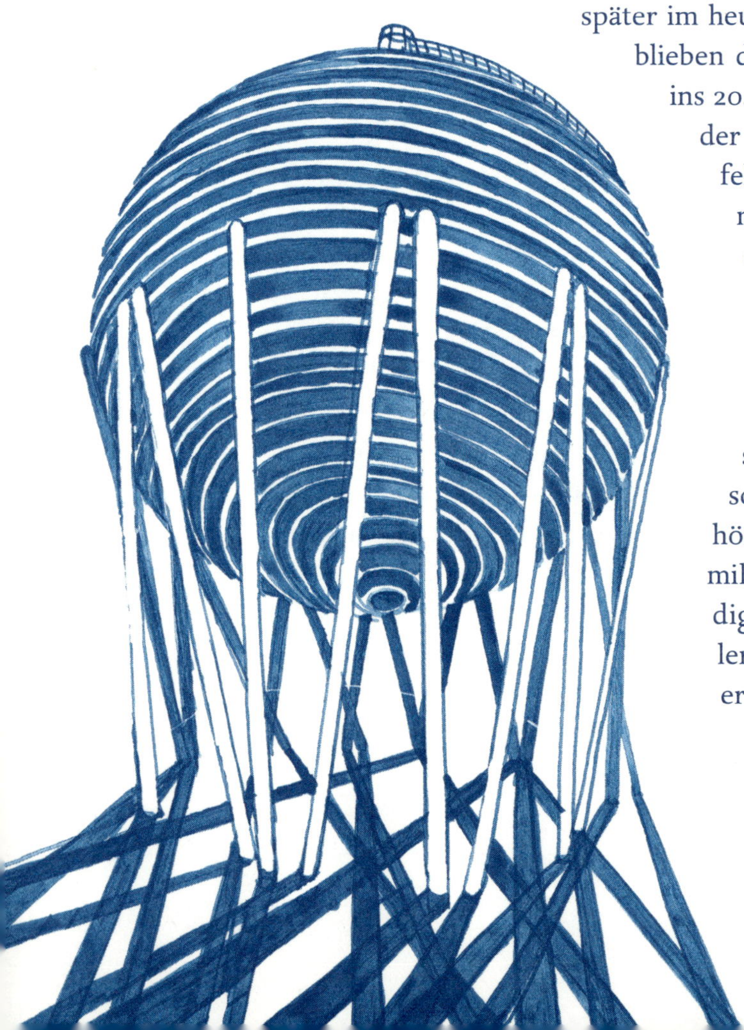

In den USA entstand 1870 der Weltkonzern »Standard Oil«. Sein Gründer, John D. Rockefeller, zählt zu den legendärsten Gestalten der amerikanischen Wirtschaftsgeschichte. Immer noch gehört der Clan zu den reichsten Familien der Welt. Mit häufig fragwürdigen Methoden kaufte Rockefeller Ölgesellschaften zusammen, bis er Ende des 19. Jahrhunderts einen

Fossile Brennstoffe Das sind Energieträger, die durch biologische und physikalische Vorgänge im Erdinnern oder an der Erdoberfläche über lange Zeiträume hinweg entstanden sind. Fossil heißt einfach: Aus der erdgeschichtlichen Vergangenheit stammend. Das trifft auf Erdöl, Erdgas, Braunkohle, Steinkohl und Torf zu. Uran, das Kernkraftwerken als Brennstoff dient, wird nicht zu dieser Gruppe gerechnet, weil seine Entstehungsgeschichte abweicht. Die fossilen Brennstoffe, die sich über viele Millionen Jahre entwickelt haben, decken derzeit etwa 80 Prozent des weltweiten Energiebedarfs.

Giganten geschaffen hatte, der die gesamte Branche dominierte. »Standard Oil« stand für das harte, oft brutale Gesicht des Kapitalismus; die Manager beeinflussten Politiker nicht immer nur mit legalen Mitteln, führten gnadenlose Preiskriege, übervorteilten Aktionäre. 1911 wurde der Konzern per Gerichtsbeschluss in Einzelgesellschaften zerschlagen, dennoch behielt die Familie durch Überkreuzbeteiligungen erheblichen Einfluss – und Geld. Inzwischen engagieren sich viele der Rockefeller-Nachkommen in Stiftungen oder der Entwicklungshilfe.

Rohöl ist ein vielseitig einsetzbares Produkt. Das merkten die Produzenten sehr schnell. Es treibt Turbinen zur Stromerzeugung an, womit es der Industrialisierung einen weiteren Schub gab, und, in Öfen verbrannt, wärmt es kalte Stuben. Im Jahr 1909 wurde bereits die Hälfte des geförderten Öls als Heizöl verkauft. Der aufkommende Autoverkehr ließ den Bedarf an Ölprodukten dann geradezu explodieren. Obwohl motorisierte Vehikel auch mit Alkohol oder Pflanzenfett von der Stelle kämen, setzten sich – nicht zuletzt wegen des Einflusses großer Firmen wie »Standard Oil« – die fossilen Brennstoffe durch. Heute, 100 Jahre später, decken sie ungefähr 80 Prozent des weltweiten Energiebedarfs, den größten Anteil daran hat das Erdöl.

Das leichtere Erdgas lagert meist über dem flüssigen Erdöl, es wurde lange als lästiges Abfallprodukt betrachtet und bei der Ölförderung abgefackelt, also ungenutzt verbrannt. Erst in jüngerer Zeit hat man den Wert von Erdgas erkannt; es gilt als sauberer Energielieferant. Zwar entsteht bei seiner Verbrennung ebenfalls das Treibhausgas Kohlendioxid, aber gemessen an der erzeugten Energieeinheit deutlich weniger als bei Kohle und Erdöl. Auch der Ausstoß von Schwefel, Stickoxid und Ruß hält sich in Grenzen. Begünstigt noch dadurch, dass man gelernt hat, Erdgas zu verflüssigen und sich neue Möglichkeiten des Transports zu eröffnen, steigt sein Verbrauch seit etwa zwanzig Jahren stetig an.

Die Rohstoffe Kohle, Gas und Öl entwickelten sich in sehr großen Zeiträumen in langwierigen chemischen und physikalischen Prozessen, auf die der Mensch keinen Einfluss hat. Angesichts ihrer Entstehungsgeschichte brauchen wir die fossilen Brennstoffe in atemberaubendem Tempo auf. Wir verfeuern die gespeicherte Sonnenenergie von Jahrtausenden in wenigen Jahren. Seit dem Zweiten Weltkrieg hat die Menschheit insgesamt mehr Rohstoffe konsumiert als in ihrer gesamten Geschichte zuvor. Das gilt für alle Ressourcen, in besonderem Maße jedoch für die fossilen.

Auftakt zum Ende

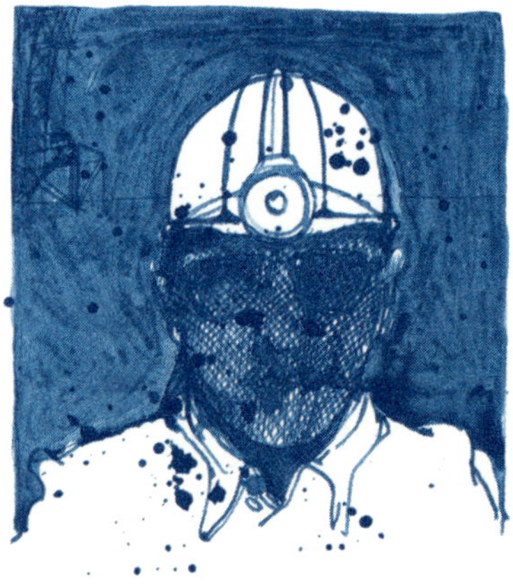

Wie lange die Vorräte noch reichen werden – darüber gehen die Meinungen der Experten auseinander. Öl, so viel ist klar, wird als Erstes zur Neige gehen, Kohle bleibt uns am längsten erhalten. Sie ist der fossile Energieträger mit dem größten Vorrat und Verbreitungsgrad. Ihr Vorkommen ist nicht, wie beim Rohöl, auf einige Gegenden konzentriert, sondern über die ganze Welt verteilt. Auch Deutschland verfügt über erhebliche Kohlevorkommen, vor allem über Braunkohle.

Auch Indien und China haben große Lagerstätten, die sie erschließen, ausbeuten und für die Stromerzeugung verfeuern. Schon deshalb ist es wichtig, Kohle künftig wesentlich wirkungsvoller und umweltverträglicher einzusetzen. Saubere Kohletechnologien werden zur Herausforderung für Wissenschaft und Technik. Unter »clean coal« versteht man alles, was dazu dient, Kohlekraftwerke sauberer und effizienter zu machen: ihren Wirkungsgrad zu erhöhen, Energie und Wärme gleichzeitig zu erzeugen (Kraft-Wärme-Kopplung) – und sogar das Stilllegen älterer Kraftwerke. Denn es gilt, Schwefeldioxidbelastungen ebenso zu vermindern wie Schwermetallemissionen, vor allem Quecksilber, aber auch Stickoxide und Staubpartikel. Zudem brauchen wir Techniken, die das klimaschädliche Kohlendioxid vermeiden, indem sie es von den Rauchgasen abspalten und in unterirdische Lager pressen. Das ist schon jetzt möglich, man nennt das Verfahren »carbon capture and sequestration« (Kohlenstoffabspaltung und unterirdische Lagerung). In Kanada und Norwegen beispielsweise wird es schon angewandt, auch um die Erdölausbeute durch den Druck von abgespaltenem CO_2 weiter zu erhöhen. Allerdings stehen einem zunehmenden Einsatz noch viele praktische Probleme im Wege. Dazu gehört der hohe Energieaufwand, den es braucht, um Kohlendioxid abzutrennen, aber auch die sichere Lagerung von CO_2 über lange Zeiträume.

Gemessen am gegenwärtigen Jahresverbrauch werden die weltweiten Kohlereserven, die sicher nachgewiesen und wirtschaftlich nutzbar sind

Der Gipfel Wie lange die Erdölvorräte noch reichen, weiß niemand ganz genau, das hängt unter anderem vom Verbrauch und vom Preis ab. Je mehr ein Liter Öl kostet, desto eher lohnen sich Investitionen selbst in schwer zugängliche Vorkommen. Zur Zeit rechnet man mit etwa 40 weiteren Jahren. Irgendwann davor jedoch wird die Erdölproduktionsspitze, der »peak oil«, erreicht werden. Damit beschreiben Fachleute jenen Zeitpunkt, an dem die Fördermenge ihr größtes Ausmaß erreicht hat und danach stetig abnimmt. »Peak oil« bildet den Scheitelpunkt zwischen Auf- und Abstieg, der sehr gefürchtet ist, weil man vermutet, dass danach das Angebot die Nachfrage nicht mehr befriedigen kann und die Preise erst richtig steigen.

(nach Berechnungen der Bundesregierung), noch mehrere hundert Jahre ausreichen. Erdgas kann uns nach heutigen Kenntnissen und gegebenen Energiepreisen weitere 70 Jahre begleiten, Erdöl noch gute 40 Jahre in unsere Tanks fließen. Doch solche Angaben sind mit erheblichen Unsicherheiten behaftet, da der Bedarf weiter steigt und neue Quellen nicht mehr so leicht entdeckt werden, ihr Auffinden andererseits aber auch nicht auszuschließen ist. Bei steigenden Energiepreisen nämlich rentiert sich die Erschließung neuer Lagerfelder, die bisher unwirtschaftlich waren.

Der Scheitelpunkt der Erdölproduktion, genannt »peak oil«, wird zwischen 2015 und 2035 erwartet. Er könnte aber auch reichlich optimistisch bemessen sein, weil die Prognosen der Förderländer zum Teil widersprüchlich ausfallen. Vielleicht verfügt Saudi-Arabien über weit weniger Öl als berechnet? Dann müssten alle Kalkulationen überarbeitet werden. Auf jeden Fall haben zwei Drittel der größten Förderländer ihren Höhepunkt bereits erreicht oder sogar schon überschritten. Großbritannien gehört dazu. Auch Indonesien und Oman liegen schon unter den Produktionsumfängen früherer Jahre. Und die meisten Neufunde fallen eher klein aus, zudem verlagert sich die Suche in immer entlegenere und ökologisch höchst sensible Gegenden.

Inzwischen ruhen die Hoffnungen der Zukunft auf der Arktis. Einige amerikanische Politiker bezeichnen sie bereits als neue »Energie-Provinz«. Ein Viertel aller bisher nicht erschlossenen Öl- und Gasvorkommen werden dort vermutet. Sicher ist das aber nicht, zumal die Förderung in so sensiblen Naturräumen wenn überhaupt nur unter strikten Auflagen zu verantworten ist. Brisanterweise würde jedoch zur Ausbeutung dieser Rohstoffe genau jener Prozess beitragen, den die Verbrennung fossiler Energieträger erst noch angeheizt hat: Den Klimawandel. Durch das Abschmelzen des Polareises und des Eises auf Grönland wären die Ressourcen dort leichter zugänglich und abbaubar, um dann wiederum neues Kohlendioxid in die Luft zu blasen. Deshalb sollte man die Hoffnungen auf neue Funde in den arktischen Gebieten und im Polarmeer nicht zu hoch schrauben. Sie vergrößern bestenfalls das Zeitfenster für eine Umstellung auf andere Energiequellen, lösen aber

das Grundproblem – Knappheit – nicht dauerhaft, verstärken weiter den Klimawandel und gefährden die einzigartige Naturlandschaft der Arktik.

Die bisher bekannten Ölvorräte sind auf einige Regionen in Osteuropa, in Sibirien, in Zentralasien, im Nahen Osten und Afrika konzentriert – überwiegend also in politisch instabilen Gegenden. Wie das die weltweite Energieversorgung gefährden kann, bekam die westliche Welt Anfang der siebziger Jahre bei der so genannten »Ölkrise« zu spüren. Damals drosselten die ölexportierenden Staaten, zusammengeschlossen im Kartell »OPEC«, ihre Ausfuhren als Reaktion auf den arabisch-israelischen Jom-Kippur-Krieg. Der Ölpreis verteuerte sich auf bis dahin unbekannte Höhen, die wirtschaftlichen Einbrüche, die daraufhin erfolgten, schürten Zukunftsängste bei den Menschen. Die Bundesrepublik führte einige autofreie Sonntage ein. Auf den Straßen konnte man Fahrrad fahren und Rollschuh laufen. Aber neben dem ungewohnten Spaß war den Menschen auch ein gehöriger Schrecken in die Glieder gefahren. Zum ersten Mal wurden sie sich ihrer großen Abhängigkeit vom Öl und der Verwundbarkeit ihrer Volkswirtschaften bewusst. Was, so fragten sie sich, wenn es eines Tages wirklich dauerhaft eng werden sollte? Heute stellt sich diese Frage noch viel drängender, denn wir sind dem Finale 30 Jahre näher gerückt.

Treibstoff für Konflikte

Der Kampf um die globalen Ölquellen hat längst begonnen. Der Irak-Krieg ist nur ein Beispiel dafür, der Atomkonflikt mit dem Iran ein weiteres. Mit seinem Ölreichtum hat das Mullah-Regime einen mächtigen Hebel in der Hand. Wenn das Land mit den drittgrößten Erdölreserven der Welt seine Förderung drosselt, geht es nicht ohne Folgen für die Weltwirtschaft ab. Der iranische Präsident

Die Vorratskammern Das mit Abstand meiste Öl wurde 2005 in Russland und Saudi-Arabien gefördert. Beide Länder produzieren inzwischen mehr als ein Viertel allen Rohöls. Es folgen die USA, Iran und China. Auch Afrika fördert mehr und mehr Öl, in Nigeria, in Algerien und im Sudan. Europa verliert als Ölförderregion immer mehr an Bedeutung, da die Vorräte in der Nordsee schwinden. Die größten Ölreserven liegen in Saudi-Arabien, Kanada, Iran und Irak, Kuwait, Vereinigte Arabische Emirate, Venezuela, Russland, Libyen, Katar, Algerien, Oman sowie in Afrika. Reserven sind die sicher nachgewiesenen und wirtschaftlich nutzbaren Quellen, nicht zu verwechseln mit den Ressourcen, die noch nicht aufgespürt sind und derzeit nicht ausgebeutet werden können. Ein großer Teil der Ressourcen wird in der Arktis vermutet. Das meiste derzeit verfügbare Öl befindet sich in wenigen, politisch zum Teil sehr instabilen Förderregionen.

Mahmud Ahmedineschad weiß das: »Der Westen braucht uns mehr als wir ihn«, sagt er selbstbewusst. Je knapper die Vorräte, desto mächtiger werden die Förderländer.

Überhaupt entstehen rund ums Öl bisher ungewohnte politische Partnerschaften – so denken China und Indien über gemeinsame Bohr- und Schürfrechte nach – und auch merkwürdige Allianzen. In der sudanesischen Provinz Darfur etwa werden grässliche Verbrechen begangen, denen die internationale Gemeinschaft nahezu tatenlos zusieht. Der Umstand, dass der Sudan über reiche Erdölvorkommen verfügt, an denen besonders China interessiert ist, macht eine abgestimmte Vorgehensweise offenbar schwierig.

Aber auch westliche Politiker, die gern – und mit gutem Grund – auf die Menschenrechte pochen, nehmen nicht immer Rücksicht auf demokratische Freiheiten, wenn es um die Öl- und Gasversorgung geht. Aserbeidschans brutaler Herrscher Ilcham Alijew hat nur deshalb politisch leichtes Spiel, weil die Region reich an Bodenschätzen ist. Auch Deutschlands Verhältnis zu Russland ist von der Ressourcenfrage beeinflusst. Denn wir hängen in unserer Energieversorgung zu etwa einem Drittel vom Riesenreich im Osten ab. Dass Moskau damit auch Politik zu machen versteht, hat es letzthin mehrfach bewiesen, indem es der Ukraine den Gashahn wegen streitiger Preisverhandlungen kurzfristig abdrehte. Eine folgenreiche Entscheidung, die bis nach Westeuropa nachwirkte.

In Afrika sind fast alle »Bürgerkriege« direkt oder indirekt auch Kämpfe um den Zugang zu wertvollen Bodenschätzen und zum Öl, die von außerhalb dieser Länder kräftig geschürt werden – eine Tatsache, die in Europa noch nicht wirklich zur Kenntnis genommen wird.

Alle Staaten haben mittlerweile erkannt: Erdöl und Erdgas sind von lebenswichtiger Bedeutung, und womöglich verstärkt Treibstoff zahlreiche kommende Konflikte. Deshalb beobachten die Mächtigen der Welt all jene Regionen mit besonderer Aufmerksamkeit, die reich an – fossilen – Bodenschätzen sind. Energiesicherheit gehört zu den großen strategischen Themen der Zukunft. Die verantwortlichen Politiker sprechen inzwischen auch ganz offen von einer »Energieaußenpolitik«, vom Einsatz der Diplomatie (und des Militärs?) für die Rohstoffsicherung. Schon von daher ist der sparsame, effiziente Umgang mit Energie und der beschleunigte Einsatz alternativer, dezentral nutzbarer neuer Energiequellen ein wichtiger Teil einer umfassenden Friedenspolitik.

Rohstoffarmes Deutschland

Wer mit Rohstoffen nicht gerade gesegnet ist, wie Deutschland, befindet sich in einer besonders beunruhigenden Lage: Unser Einfuhrbedarf steigt, obwohl der Energieverbrauch seit vielen Jahren stabil ist und sogar leicht sinkt. Das hat einen einfachen Grund: Die Erdgasvorräte, die sich vornehmlich in Niedersachsen befinden, sind nahezu ausgeschöpft, neue Explorationen er-

Das Barrel Rohöl und andere petrochemische Produkte werden in Barrel gemessen. Der Ausdruck kommt aus dem Englischen, existiert aber auch in anderen Sprachen in ähnlicher Form, als »baril« im Französischen zum Beispiel oder »barile« im Italienischen. Barrel bedeutet wörtlich »Fass« oder »Fässchen«, ist ein Raummaß und steht umgerechnet für knapp 160 Liter. Inzwischen kostet ein Barrel Rohöl mehr als 50 Dollar, vor nicht allzu langer Zeit sogar 70 Dollar. Noch 1998 zahlte man um die zehn Dollar, einen Preis, den es so wahrscheinlich nie wieder geben wird und auch nicht geben sollte. Pessimisten halten mittelfristig auch 200 bis 250 Dollar pro Fass für durchaus realistisch. Eine Entwicklung, für die wir uns am besten durch hohe Energieeffizienz, den konsequenten Ausbau erneuerbarer Energien und durch saubere Kohletechnologien wappnen.

forderlich. Und Deutschlands größte Ölquelle, die so genannte Mittelplatte im Wattenmeer, sichert nur einige Prozente des hiesigen Ölbedarfs. Bei Mineralöl sind wir zu 97 Prozent abhängig von ausländischen Quellen, bei Gas immerhin zu 82 Prozent und bei Steinkohle bisher zu 61 Prozent. In Zukunft wird diese Abhängigkeit ebenfalls 100 Prozent betragen, denn der deutsche Steinkohlebergbau wird aus Kostengründen eingestellt. Über Uran, notwendiger Grundstoff für die Atommeiler, verfügt Deutschland überhaupt nicht. Nur mit Braunkohle können wir uns selbst versorgen und mit erneuerbaren Energien mehr und mehr von Importen unabhängig werden. Aber Braunkohle, im Tagebau günstig gefördert, braucht für eine umweltverträgliche Nutzung einiges an Investitionen für das Filtern von Ruß und Partikeln, für Entschwefelung und Entstickung. Und wegen ihres geringen Brennwerts ist die Braunkohle pro Energieeinheit besonders klimaschädlich. Für ihren Einsatz sind saubere Kohletechniken – »clean coal« – daher eine Grundbedingung.

Im Moment deckt Deutschland 60 Prozent seines Energiebedarfs aus Mineralöl- und Erdgasquellen. Die Nachteile, die daraus entstehen – steigende Preise, Abhängigkeit von instabilen oder undemokratischen Systemen, Klimabelastungen –, stellen eine stetige Gefahr für unsere Volkswirtschaft dar. Eine vorausschauende Politik, die das nicht einfach zähneknirschend in Kauf nehmen will, muss deshalb alles tun, um solche Verwundbarkeit zu vermindern oder zu vermeiden.

Mittel- bis langfristig kann die Devise nur lauten: Raus aus dem Öl. Das wird uns schwerfallen, weil wir es uns jahrzehntelang mit diesem Brennstoff so richtig gemütlich gemacht haben. Aber ganz gleich, wann man »peak oil« ansetzt, wir sollten uns allmählich vom so genannten »schwarzen Gold« verabschieden. Alle heute unter Vierzigjährigen – das ist weltweit betrachtet die Mehrzahl der Menschheit – werden den Niedergang der Ölvorräte noch erleben und verkraften müssen. Das Ende der Öl-Ära ist also kein düsteres, aber fernes Szenario mehr, sondern bereits in greifbarer Nähe. Doch das Versiegen der Quellen ist bei weitem nicht nur eine Gefahr, sondern auch Ansporn für kreative Geister auf der Suche nach neuen Lösungen für unsere Energieversorgung.

Sparen, sparen, sparen

Als ersten Schritt empfehlen alle Fachleute einen veränderten Energiemix und eine Erhöhung der Energieeffizienz. Einfacher ausgedrückt: Wir müssen umrüsten auf andere Quellen und mehr schaffen mit der gleichen oder weniger Energie. Und noch einfacher formuliert heißt es: Sparen, sparen, sparen – Energie viel klüger nutzen. Für einen besseren Einsatz der Ressourcen gibt es viele – auch technische Möglichkeiten –, die noch lange nicht ausgeschöpft sind.

Der Wirkungsgrad von Kraftwerken zum Beispiel lässt sich erhöhen, die derzeit noch, je nach Anlage, mehr als 50 Prozent Energie verlieren, wenn sie nur Strom produzieren, ohne die dabei zugleich erzeugte Wärme zu nutzen. Diese Doppelnutzung gelingt kleinen, dezentralen Kraftwerken besser. Überhaupt können modernere Anlagen den Verlust so schmälern, dass am Ende viel mehr Nutzenergie übrig bleibt.

Zum Energiesparen braucht es nicht nur die großen Investitionen des Staates, etwa in öffentliche Verkehrsmittel, auch der Einzelne kann mehr tun als ihm zuweilen bewusst ist. Die Standby-Funktionen elektro-

Wie funktioniert ein Kraftwerk? Sie gelten als Herzstücke unserer Wirtschaft, denn ohne Strom funktioniert hierzulande gar nichts. Kraftwerke wandeln Primärenergie in Form von Gas oder Kohle, aber auch von Biomasse über einen mehrstufigen Prozess in Nutzenergie um. In einem ersten Schritt wird die Energie, die zum Beispiel in Erdgas steckt, in Wärmeenergie umgewandelt – sprich: Erdgas wird verbrannt. Damit bringt man Wasser zum Verdampfen und hält es unter Druck. Der Druck des heißen Wasserdampfes wiederum treibt die Schaufeln einer Turbine und diese einen Generator an, der die Bewegungsenergie der Schaufelräder in elektrische Energie umwandelt. Diese Grundfunktionsweise von Kraftwerken wird zunehmend verbessert, etwa durch die gleichzeitige Nutzung der Abwärme für Heizzwecke. Besonders Blockheizkraftwerke gelten als fortschrittlich und sparsam. Sie arbeiten nach dem Prinzip der Kraft-Wärme-Kopplung, das heißt sie erzeugen Strom und Wärme gleichzeitig, was trotz der bestechenden Logik immer noch keinesfalls selbstverständlich ist, obwohl man die fossile Energie dabei oft zu mehr als 90 Prozent nutzt. Normalerweise geben die großen Kraftwerke ihre Abwärme ungenutzt ins Kühlwasser und über die Kühltürme ungenutzt an die Umwelt ab. Energie wird einfach weggeworfen. Blockheizkraftwerke decken weniger als ein Fünftel des gesamten Stromverbrauchs in Deutschland; ihr Anteil könnte bis auf zwei Drittel steigen. Der Neubau oder die Nachrüstung von Kraftwerken, wozu auch europaweit verbundene, technologisch hochentwickelte und leistungsfähige Verteilungsnetze gehören sollten, ist allerdings mit hohen Investitionen verbunden.

nischer Geräte zum Beispiel variieren von 0,5 bis 10 Watt. Würden sie auf ein Watt vereinheitlicht, könnte man, so hat die Internationale Energie Agentur errechnet, den Stromverbrauch um zwischen fünf und zehn Prozent drosseln. Noch mehr sparte man, wenn alle Menschen ihre Fernseher, Drucker und Computer nach Gebrauch komplett abstellten. Neue Fernseher verbrauchen bis zu 60 Prozent weniger Energie, darauf sollte man beim Kauf achten – bei der Anschaffung von elektronischen Geräten empfiehlt sich immer der Blick auf die Energiebilanz. Zumal sich der

Einsatz lohnt: auf dem eigenen Konto, für die Volkswirtschaft als Ganzes, aber auch für den Schutz des Klimas.

Ein weiteres großes Potential bietet die Raumwärme, denn die privaten Haushalte verbrauchen knapp ein Drittel der in Deutschland eingesetzten Energie. Besser isolierte Wände und effizientere Heizungen könnten kleine Wunder vollbringen. Noch scheuen viele Eigentümer die Investitionskosten für energetisch bessere Fenster und Fassaden oder für stromsparende Pumpen, aber je höher die Öl- und Gaspreise klettern, desto eher rentieren sich solche Um- und Aufrüstungen. Auch der wärmere Pulli macht schon einen Riesenunterschied: Jedes Grad Raumtemperatur mehr steigert den Energieverbrauch um sechs Prozent. Runtergelassene Rollläden mindern den Energieverlust durch die Fenster um ein Viertel. Das Bundesumweltministerium kalkuliert jedenfalls, dass sich der Energieverbrauch in Deutschland durch bewussten Einsatz bis zum Jahr 2050 halbieren ließe.

Zudem bestehen für pfiffige Technologien große Absatzchancen bei uns sowie in Entwicklungs- und Schwellenländern, wo man nach einer Phase des ungezügelten Wachstums gerade erst anfängt, auf den Verbrauch zu achten. In China zum Beispiel wird pro Einheit des Sozialproduktes noch mindestens fünfmal so viel Energie aufgewendet wie in Europa. Dort und anderswo gewinnen sparsamere Produkte allmählich an Bedeutung.

Dem Einfallsreichtum von Forschern und der Kreativität der Ver-

Niedrigenergiehäuser Ein guter Teil der Energie verpufft in Deutschland im wahrsten Sinne des Wortes im Nichts. Gebäudewärme entweicht durch Ritzen, Fenster, dünne Wände und schlechte Dachziegel. Dämmschichten, innen oder außen, können den Energiebedarf bis zu 90 Prozent reduzieren. Man spricht dann von Niedrigenergiehäusern, auch wenn der Begriff nicht eindeutig definiert ist. Ein »Passivhaus« gar ist so gut isoliert, dass es keine oder nur noch ganz wenig Heizenergie braucht. Energetisch noch günstiger ist sowohl das »Nullenergiehaus« als auch das »Plusenergiehaus«. Das sind Häuser, die gar keine Energie brauchen oder sogar noch welche abgeben und meist effiziente Dämmung mit dem Einsatz erneuerbarer Energien verbinden. Damit lässt sich dann am Ende sogar Geld verdienen, werden aus Nebenkosten Nebeneinnahmen.

braucher sind also keine Grenzen gesetzt. Alles Jammern und Wehklagen über das Versiegen der Quellen hilft und nützt ohnehin nichts: Wir müssen lernen, fossile Brennstoffe als das zu betrachten, was sie wirklich sind: wertvoll und endlich und dabei noch sehr umweltbelastend. Je klüger wir mit den verbleibenden Vorräten haushalten, sie zum Beispiel als wichtige Rohstoffe für die chemische Industrie vorsehen, desto mehr Zeit bleibt für den Umstieg auf andere Energiearten. Es ist die beste Möglichkeit, gleichzeitig mehr für den Klimaschutz und für die Sicherheit der Energieversorgung zu tun.

Zerstobene Hoffnungen

Im Dezember 1953 war die Erinnerung an das Zünden der ersten Atombombe über Japan noch lebendig, der Schrecken greifbar: Mindestens 200 000 Menschen waren gestorben, damals, bei der Explosion 1945 in Hiroshima und Nagasaki. Nur wenige Jahre später hielt der Präsident der Vereinigten Staaten, jenes Landes, das die mächtige Bombe über Japan abgeworfen hatte, um den Zweiten Weltkrieg zu beenden, eine weltweit viel beachtete Rede. Dwight D. Eisenhower sprach vor der Vollversammlung der Vereinten Nationen, und er überschrieb seine Rede mit den Worten »Atoms for Peace« – »Atome für den Frieden«. Darin entwarf er eine Vision von der friedlichen Nutzung der Kernspaltung. Nicht die Spaltung von Atomen für Waffen, für Schrecken und Vernichtung sollte mehr Ziel dieser Technik sein, sondern das Erzeugen von Energie, massenhaft und billig, als Grundlage für Entwicklung und Wachstum. Seine Ansprache wurde weltweit begeistert, ja geradezu euphorisch aufgenommen. Der große Philosoph Ernst Bloch schrieb seinerzeit: Die Atomenergie wird »in einer blauen Atmosphäre des Friedens aus Wüsten Fruchtland, aus Eis Frühling schaffen …« Bedenken wegen der Sicherheit? Keine. Ist doch technisch beherrschbar, hieß es sei-

nerzeit. Wohin mit dem Atommüll? Endlager waren damals kein Thema. Missbrauch für Atomwaffen? Verträge werden das verhindern. Selbst atombetriebene Autos hielt man für denkbar, auch kleine Meiler für den Hausbedarf nicht für abwegig. Mehr als 6000 Atomkraftwerke weltweit entstanden in den Köpfen hingerissener Planer.

Die Gegenwart sieht anders aus: Etwa 440 Kernkraftwerke produzieren heute Strom, ungefähr dreißig sind im Bau, weitere geplant. Die Hoffnungen von damals sind zerstoben, statt sicher und preiswert Atome zur Energiegewinnung spaltet die Technik ganze Gesellschaften. Entscheidend zu diesem Meinungsumschwung beigetragen hat das Jahr 1986, als es am 26. April in einem Reaktorgebäude in Tschernobyl zu einer gewaltigen Explosion kam. Bei Wartungsarbeiten war ein Kühlwasserstau entstanden, wodurch die Brennstäbe überhitzten. Das löste eine Kettenreaktion aus, die letztlich zu einer Kernschmelze führte und selbst den Graphitmantel des Reaktors angriff, sodass radioaktive Spaltprodukte austraten und sich großflächig verteilten. Zwei Wochen dauerte es, bis die Behörden den Unfallort unter Kontrolle hatten. Über die genaue Opferzahl wird bis heute gestritten, offiziell 31, inoffiziell einige Tausend. Viele Missbildungen bei Kindern sind bis heute die tragische Folge dieser Reaktorkatastrophe. »Tschernobyl« ist zweifelsfrei der bisher größte anzunehmende Unfall, der Super-GAU.

Danach war die Welt eine andere: Kraftwerke wurden über Jahre hinweg kaum mehr gebaut, viele Ausstiegsbeschlüsse gefasst. Gleichzeitig verlängerte man die Laufzeiten für bestehende Anlagen, vor allem für die mehr als 100 Kraftwerke in den USA. Auch in Deutschland wurde die bisherige Atompolitik in entscheidenden Punkten korrigiert: Die schon geplante Anlage zur Wiederaufbereitung abgebrannter Brennelemente in Wackersdorf wurde nicht gebaut. Das »Erbrüten« neuen Brennstoffes im so genannten »Schnellen Brüter« in Kalkar am Rhein wurde aufgegeben. Und die Suche nach einem Endlager ist bis heute begleitet von harten Kämpfen und Auseinandersetzungen: Wohin mit dem atomaren Müll – wo kann dieser Müll über Tausende von Jahren sicher gelagert werden? Im Salz – wie in den Salzstöcken bei Gorleben im östlichen Niedersachsen?

Oder eher im Granit, im Ton – oder vielleicht noch besser weit entfernt von uns, etwa in der Wüste Gobi – menschenleer – zwischen China und Russland?

Inzwischen rücken wieder andere Aspekte in den Vordergrund: Können wir angesichts des gewaltig steigenden Energiebedarfs auf Kernenergie wirklich verzichten, zumal sie das Klima weniger belastet als Öl, Kohle und Gas? Ist sie eine sinnvolle Übergangslösung, bis die erneuerbaren Energien, bis neue und sichere Energietechniken, bis eine Revolution beim Energiesparen Kernenergie nicht mehr erforderlich macht? Wichtige Fragen, die – wie früher – nicht nur Politiker entzweien.

Doch bei allen Meinungsverschiedenheiten steht eines außer Zweifel: Wo immer Kernkraftwerke laufen, müssen sie so sicher wie möglich sein. Alle technisch führenden Nationen sollten dazu mit Forschung, Innovationen und gezielten Investitionen beitragen. Erst recht, weil immer mehr Staaten anstreben, Kernenergie (friedlich?) zu nutzen – von Südafrika über die Türkei und den Iran bis nach Indien, Pakistan, China und anderen mehr. Ganz ähnlich verhält es sich bei der Suche nach einem sicheren Endlager. Es hilft nichts, den Kopf einfach in den Sand zu stecken – Atommüll nicht zur Kenntnis nehmen –, immer weiter »zwischenzulagern«. Denn damit verschärft man Probleme nur, statt sie zu lösen. Auch das Argument, Kernenergie so lange zu nutzen, bis andere, weniger risikoreiche Energiealternativen zur Verfügung stehen, ist zwiespältig. Denn die Vergangenheit lehrt uns: Die Atom-Euphorie hat über Jahrzehnte hinweg Gelder auf sich gezogen und die Illusion genährt, dass mit Kernenergie die Energieprobleme dieser Welt auf Dauer gelöst werden können. Dadurch wurden Investitionen in die Erneuerbaren verdrängt, die oft als unnötig belächelt wurden. Den milliardenschweren öffentlichen Subventionen in die Kernenergie standen lange Zeit nur geringe Mittel für die Erforschung und Anwendung alternativer Energieformen gegenüber. Daraus folgt: Eine Zukunft ohne Kernenergie wird nur möglich, wenn wir zu großen Investitionen in erneuerbare Energien, in Energiesparen und in Technologien zur »sauberen Kohle« bereit sind. Ein massiver Ausbau der Atomkraft ist keine beruhigende und schon gar keine nachhaltige Zukunftsvision. Deshalb sollten wir politisch mit Hilfe kurzer realistischer Zeitpläne auf eine Ära ohne Kernenergie hinarbeiten.

Wahre Wunder erhoffen sich manche von der Kernfusion. Sie ist nach bisheriger Erkenntnis nicht so gefährlich wie die Kernspaltung, denn bei der Verschmelzung von Atomkernen entsteht als einziges Abfallprodukt Wasser. Die Forschung ist aber noch weit davon entfernt, die Energie, die bei diesem Prozess freigesetzt wird, tatsächlich zu nutzen. Eine Fusion zu erzeugen, gelingt mittlerweile. Doch den Vorgang so zu steuern, dass am Ende eine Energieausbeute erreicht wird – das beherrschen die Wissenschaftler noch nicht. Dennoch glauben Experten, zur Jahrhundertwende könnten die ersten Fusionsreaktoren ans Netz gehen. Andere bezweifeln, dass die Schmelze der Energieerzeugung jemals zufriedenstellend dienen kann.

Die Debatte um die Kernenergie wird, und soll, engagiert weitergehen – in Deutschland und anderswo. Technologien, deren Nutzung einen hohen Grad an Verantwortung, Integrität und zudem unabhängige Kontrolleure erfordern, müssen sich im gesellschaftlichen Wettstreit der Meinungen immer wieder durchsetzen oder als falsch verworfen werden. Hochtrabende Begeisterung wie damals bei »Atome für den Frieden«, die alle Risiken ausklammert, kann jedenfalls keine ausreichende Grundlage für den verantwortlichen Umgang mit dieser hochsensiblen Technik bilden.

Die Alternativen

Was kommt nach Öl, Kohle und Gas? Selbst wenn wir sparen, wo es nur geht, und Energie viel effizienter als bisher einsetzen – irgendwann wird der letzte Tropfen des schwarzen Goldes verbraucht sein, werden auch Gas und Kohle zu Ende gehen. Zumal wir gar nicht warten können, bis alle Vorkommen erschöpft sind; Abschied von fossilen Energieträgern müssen wir früher nehmen – dazu zwingt uns schon der Klimawandel. Und was dann? Ein Königsweg aus dem fossilen Zeitalter, der insbesondere Öl in vollem Umfang ersetzen könnte, eröffnet sich vorerst nicht. Aber es gibt eine Reihe Alternativen – Sonnenenergie, Wasser- oder Windkraft, Erdwärme oder Biomasse –, die wir entschlossener als bisher nutzen sollten. Nicht jede von ihnen ist an jedem Ort effizient einsetzbar. Und alle bedürfen der gezielten Förderung und Unterstützung. Aber je früher und umfassender wir Erneuerbare einsetzen, desto länger können wir die noch verbleibenden fossilen Vorräte »strecken« und desto reibungsloser und wirtschaftlicher kann die unerlässliche Energiewende verwirklicht werden.

An vielen deutschen Ortseingängen sieht man sie bereits: Geschwindigkeitsanzeiger, die dem vorbeirauschenden Autofahrer schonungslos klarmachen, dass er wieder einmal zu viel Gas gibt. Wer noch Zeit hat, genauer hinzusehen, erkennt über der elektronischen Tafel einen schrägen Aufsatz, der die Tempowarnung unabhängig von irgendeiner Stromzufuhr zum Leuchten bringt. Ein Motor steckt tatsächlich nicht dahinter, sondern der größte Energielieferant, den wir kennen: die Sonne. Schätzungen zufolge erreicht die Erde an einem einzigen Tag mit dem Sonnenlicht so viel Energie, wie wir brauchen, um zwanzig Jahre lang alle Fortbewegungsmittel dieser Welt anzutreiben, alle Industrieanlagen zu befeuern, alle Häuser zu heizen und vieles mehr. Sie wäre eine wunderbare Alternative zum Öl: Endlos und überall – wenn auch nicht gleichermaßen – vorhanden, sauber und sympathisch. Die Frage ist nur, wie lässt sich Sonnenenergie »ernten«, speichern und nutzen?

Bisher können wir mit Hilfe der Sonne Elektrizität und Wärme erzeugen. Die Stromproduktion basiert auf Solarzellen, auch Photovoltaik oder PV-Zellen genannt. Dabei lenkt man Sonnenstrahlen auf Licht absorbierende Flächen, deren einzelne Zellen Elektronen enthalten, die durch das Sonnenlicht stimuliert werden und elektrische Energie liefern.

Die Herstellung von Wärme funktioniert ähnlich wie ein in der Sonne liegender schwarzer Gartenschlauch: Er erwärmt sich und erhitzt dadurch das Wasser in seinem Innern. Nur arbeitet man hier nicht mit einem Schlauch,

Pionier Einstein Wer kennt nicht Albert Einstein, diesen genialen Physiker mit dem wirren Haarschopf und den flotten, bis heute zitierfähigen Sprüchen (»Gott würfelt nicht!«)? Das Foto, auf dem er lang die Zunge herausstreckt, ist längst »Kult« geworden. Ist das ein ernst zu nehmender Wissenschaftler? 1921 erhielt er den Nobelpreis für Physik. Die meisten Menschen nehmen selbstverständlich an, er habe diese Auszeichnung für seine Relativitätstheorie ($e = mc^2$) erhalten. Falsch: Entscheidend war sein Beitrag zur Entwicklung der Solarenergie, den er mit seiner Erklärung des »photoelektrischen Effekts« 1905 leistete. Auch wenn seine Forschung später weiterentwickelt wurde, so legte sein Nachweis doch das Fundament für die heutige industrielle Nutzung der Sonnenenergie. Fast scheint es, als strecke er uns wieder die Zunge raus, als wolle er sagen: Ich wusste es schon damals – es gibt bessere Energiequellen als Kohle, Öl und Gas.

sondern mit einem Kollektor, der als »Strahlenfalle« fungiert. Dieses Verfahren heißt Photothermie oder Solarthermie. Beide Anwendungen gelten, wie die Solarenergie überhaupt, als aussichtsreich und ausbaufähig. Viele Alltagsfunktionen ließen sich schon heute mühelos damit bedienen: Taschenrechner, Handys, Radiowecker, Ventilatoren – man müsste nur konsequent aufrüsten und Solarzellen anbringen, wo immer die Sonneneinstrahlung dafür genügt und eine Form gefunden wird, die das ästhetische Empfinden nicht stört: in elektronischen Geräten, auf Hausdächern und an Fassaden sowieso, aber auch auf Parkplatz- und Tiefgaragendächern, an Lärmschutz- und Straßenbegrenzungen, auf Wasserspeichern und -türmen oder an Bus- und Straßenbahnhaltestellen. Strom und Wärme aus Solarenergie sind jetzt bereits wichtige Energiequellen, die ständig an Bedeutung gewinnen.

Experten halten die Möglichkeiten der Sonnenenergie, ähnlich wie die Quelle selbst, für nahezu unerschöpflich. Sie gilt als »Primadonna«, als Star der Alternativen, weil sie fast nur Vorteile bietet: Sie ist klimafreundlich, da nichts verbrannt wird, braucht kein Wasser, das schließlich

knapp ist, und sie wäre in vielen Gegenden der Erde ohne aufwändige Förderung zugänglich. Einseitige Abhängigkeiten von fragwürdigen Lieferländern entfielen – dezentral genutzte Sonnenenergie schafft Sicherheit und ist somit ein aktiver Beitrag zur Friedenspolitik. Der gesamte Strom, den die Vereinigten Staaten verbrauchen, ließe sich, so haben Wissenschaftler errechnet, auf einem Wüstenstück von 160 Quadratkilometern, bestückt mit Solarzellen, decken. Auch Deutschland könnte, obwohl es im Vergleich nicht übermäßig sonnenreich ist, einen erheblichen Teil seines Strombedarfs aus Sonnenenergie speisen, wenn entsprechend Solaranlagen installiert und gezielt gefördert würden, ihre technische Weiterentwicklung eingeschlossen.

Trotz dieser fulminanten Aussichten brennen die meisten Lichter in den USA, in Deutschland und fast überall sonst auf der Welt immer noch mit Strom aus herkömmlichen, sprich mit Öl, Kohle oder Gas betriebenen Kraftwerken. Warum nur? Aus finanziellen Gründen, denn Solarstrom ist »teurer« als Strom aus Kohle oder Gas, weil Letztere über die Umwelt »subventioniert« werden, da die Kosten der Kohlendioxid-Emissionen in den Preisen nicht enthalten sind. Zur Zeit kostet Solarstrom etwa doppelt so viel wie aus anderen Quellen, aber nur noch halb so viel wie vor zehn Jahren – Tendenz weiter fallend. Gegenwärtig sind die Herstellungskosten für Solarzellen hoch und ihre Leistungen nicht hoch genug, so dass eine großflächige Umstellung staatlich gefördert werden muss. Dieser Vergleich allerdings fällt mit steigendem Ölpreis, effizienterer Solartechnologie und größeren Produktionsmengen immer günstiger für die Sonnenenergie aus.

Nachfüllenergie

Die Sonnenergie gehört zur Gruppe der erneuerbaren Energiearten, weil sie uns nach menschlichem Ermessen dauerhaft zur Verfügung stehen und ihre Vorkommen sich nicht – wie bei den fossilen Energien – irgendwann erschöpfen, sondern durch natürliche Prozesse laufend erneuern.

Umweltschutz schafft Arbeitsplätze Sonne, Wind und Wasser treiben nicht nur Solarzellen, Windräder und Turbinen an, sondern auch die Wirtschaft. Nach einer Untersuchung des Deutschen Instituts für Wirtschaftsforschung schuf der Sektor »erneuerbare Energien« hierzulande bis zum Jahr 2005 bereits 170 000 neue Arbeitsplätze. Die Zahl könnte bis zum Jahr 2020 auf das Doppelte oder mehr wachsen. Überhaupt ist Deutschland technologisch führend auf diesem Gebiet. Inzwischen beträgt das jährliche Exportvolumen der Branche mehr als vier Milliarden Euro – und wächst rasant weiter. Beispiel Windenergie: Bereits siebzig Prozent der gesamten hiesigen Produktion werden in alle Welt verkauft. Der gelegentlich vernommene Grundsatz, Umweltschutz sei Luxus, gilt längst nicht mehr. Er ist ein Wirtschaftsfaktor und ein besonders zukunftsträchtiger dazu.

Deshalb gelten die Strahlen der Sonne, die Kraft der Gezeiten, Wellen und Winde sowie die Wärme aus dem Innern unseres Erdballs und die jährlich wachsende »Biomasse« als die vielversprechendsten Energielieferanten der Zukunft. Zugleich machen sie uns unabhängiger von instabilen politischen Systemen, die derzeit über die größten Ölvorräte verfügen, verringern die Verletzlichkeit unserer Wirtschaft und eröffnen der deutschen Exportindustrie auch noch grandiose Möglichkeiten.

Allerdings lassen sich die Erneuerbaren nicht überall gleich gut nutzen: Sonnenkraftwerke erzielen im »so genannten Sonnengürtel« der Welt – zwischen dem 20. und 40. Breitengrad der südlichen und nördlichen Hemisphäre – die besten Ergebnisse. Der Wind wiederum bläst besonders stark und regelmäßig über der Nordsee. Die Möglichkeiten der Alternativen müssen deshalb von Land zu Land, von Region zu Region genau auf ihre optimale Nutzbarkeit hin untersucht werden. Auch übergreifende Lösungen sind denkbar: So wird etwa die Zusammenarbeit zwischen dem »Sonnengürtel« in Nordafrika und dem »Technologiegürtel« in Europa zu einer Option für die Zukunft.

In der Europäischen Union beträgt der Anteil erneuerbarer Energien am gesamten Verbrauch derzeit um die sieben Prozent. Das soll sich rasch ändern – bis zum Jahr 2020 soll er auf zwanzig Prozent steigen und bis zur Mitte des Jahrhunderts sogar auf die Hälfte oder mehr. Das Bundesumweltministerium hält diese Ziele für erreichbar, auch wenn dafür noch große Anstrengungen zu meistern sind, in Form von Investitionen, technischem Fortschritt und Überzeugungsarbeit.

Der Klassiker

Die Wasserkraft, der »Klassiker« unter den Erneuerbaren, wandelt Energie des fallenden Wassers in Elektrizität um. Dazu braucht es Höhenunterschiede, die oft durch Dämme verstärkt werden, an denen sich das Wasser einer oberen Ebene stauen lässt. Diese Voraussetzungen sind nicht überall auf der Welt gegeben. Mal gibt es nicht genug vom spritzenden Nass, dann wieder reicht das Gefälle nicht aus. Schließlich bringt der Bau von Staudämmen, speziell der großen Anlagen, eine Reihe von Umweltproblemen mit sich: Das Leben von Fischen und Pflanzen wird beeinträchtigt, ganze Dörfer müssen aufgelöst, Menschen umgesiedelt werden. Im Extremfall verlieren sie ihre Lebens- und Arbeitsgrundlage. Oft wird fruchtbarer Boden dem Einzugsgebiet des Dammes geopfert. Starke Regenfälle spülen Geröll und Erde in die Staubecken, was die ursprüngliche Staukapazität beeinträchtigt. Die Becken müssten regelmäßig ausgebaggert werden – ein kostspieliges Unterfangen.

Mehrere zehntausend Großstaudämme gibt es weltweit, die meisten davon stehen in China. Für deren Bau wurde im vergangenen halben Jahrhundert mehr Entwicklungshilfe gewährt als für jedes andere Projekt. Und doch scheint es, als hätte die Dritte Welt die Vorzüge der Wasserkraft gerade erst entdeckt. Während Europa sein Potential bereits zu drei Vierteln ausschöpft, macht Asien nur von einem Viertel Gebrauch und Afrika

Der größte Staudamm der Welt Für den Bau des Drei-Schluchten-Damms, der im Jahr 2006 am chinesischen Jangtse-Fluss eingeweiht wurde, mussten über eine Million Menschen ihre Häuser verlassen. Der Staudamm ist mehr als 2000 Meter lang und 185 Meter hoch. 13 Jahre vergingen bis zu seiner Fertigstellung, 24 Milliarden Dollar liegen in diesem Beton begraben. Gigantische Projekte dieser Art sind wegen ihrer sozialen Konsequenzen und ihrer weitreichenden Folgen für die Umwelt umstritten und heute – selbst in kleinerer Ausgabe – jeweils von Protesten begleitet.

von nicht einmal sieben Prozent. Wenn man bedenkt, dass in Afrika Millionen von Menschen immer noch ohne jeden Stromanschluss leben – in manchen Gegenden liegt der Elektrifizierungsgrad bei weniger als fünf Prozent –, dann wirkt die Aussicht auf Staudämme als Energielieferanten noch verheißungsvoller, trotz hoher Investitionskosten, ökologischer Schäden und oft gravierender sozialer Folgen. Umso wichtiger ist es, solche Bauten gewissenhaft zu planen und die Sorgen der ansässigen Bevölkerung von Anfang an mit einzubeziehen.

Vor dem Bau müssen Umweltverträglichkeitsprüfungen durchgeführt und die sozialen Belastungen ermittelt werden. Auch sollten die betroffenen Menschen frühzeitig von dem Projekt unterrichtet, über die Folgen ehrlich aufgeklärt und in den gesamten Planungsprozess eingebunden werden. Fachleute plädieren zudem meist für kleinere, dezentrale Anlagen, die vielleicht nicht die Riesenmetropolen, aber doch einzelne Kommunen, manchmal vielleicht nur kleine Weiler mit Strom versorgen können.

Deutschland selbst hat so gut wie keine Kapazitäten mehr – Wasserkraft taugt bei uns kaum als Ersatz für Öl und Gas. Und mit der Gezeitenenergie, die sich aus dem Wechsel von Ebbe und Flut gewinnen lässt, ist es noch schwieriger: Auf der ganzen Welt gibt es nach gegenwärtiger Be-

wertung nicht einmal drei Dutzend wirklich geeignete Stellen für die entsprechenden Kraftwerke. Die kleinen Entwicklerbüros, die an dieser Technik arbeiten, warten weiter auf größere Investitionen. Mit einigermaßen ausgereiften Meeresenergieparks – etwa in Schottland – ist daher frühestens in fünfzehn Jahren zu rechnen.

Wind machen

Vielversprechender ist da schon die Windkraft, die von den »neueren« regenerativen Energieformen hierzulande am weitesten gediehen ist. Und das war sie vor mehr als hundert Jahren schon einmal: Ob als Segelschiffe, Windräder oder Windpumpen, die Menschen haben den Vorteil von Luftströmen früh erkannt und für ihre Zwecke zu nutzen verstanden. Noch um 1900 befanden sich 30 000 Windmühlen allein in Norddeutschland. Der aus fossilen Brennstoffen gewonnene massenweise billig zur Verfügung gestellte elektrische Strom verdrängte sie nach und nach aus dem Landschaftsbild. Inzwischen hat man sich der Kraft des Windes wieder erinnert; die heutigen Räder sind nichts weiter als eine Fortentwicklung der alten Windmühlen: Die Drehbewegung ihrer Rotoren dient direkt der Stromerzeugung, und da die Anlagen inzwischen bis zu 100 Meter Höhe erreichen, können sie stärkere und gleichmäßigere Winde »einfangen«. Noch höhere Anlagen, die technisch möglich sind, würden die Ausbeute weiter steigern.

In den vergangenen Jahren wurden die Windräder auch für den Einsatz auf dem Meer gerüstet, für so genannte »Offshore-Parks«. In 20 bis 25 Kilometer Entfernung von der Küste weht eine steife Brise, die Auslastung der Anlangen ist dadurch größer als an Land. Allerdings steigen dann auch sofort die Kosten. Denn die Windräder müssen aufwändig im Meeresboden befestigt, mit dem Landnetz

Im Uhrzeigersinn Schon Kinder kennen den Mechanismus: Sie halten ihr Windrad seitlich, blasen dagegen, und es dreht sich. Nichts anderes als dieses Prinzip machen sich auch die modernen Windräder zur Stromerzeugung zunutze. Die Windenergieanlagen wandeln die kinetische Energie des Windes durch eine Drehbewegung des Rotors, der an einen Generator weitergegeben wird, in elektrischen Strom um. Man kann sie in allen Klimazonen, auf See und an Land einsetzen. Es gibt Anlagen mit 120 Meter hohen Türmen, aber auch kleine, die sich ans eigene Haus »stecken« lassen. Allerdings kann die gewonnene Energie aufgrund der Unstetigkeit des Windes nur zusammen mit anderen Energiequellen oder Speichern für eine lückenlose Stromversorgung genutzt werden. In Deutschland stehen derzeit etwa 20 000 dieser rotierenden Giganten in der Landschaft. Sie drehen sich übrigens alle im Uhrzeigersinn: Einen wissenschaftlichen Grund dafür gibt es nicht, denn der Turmkopf, auch Gondel genannt, ist mitsamt dem Rotor um 360 Grad drehbar, kann sich der Windrichtung also jeweils anpassen. Und wie herum die Luft dann verwirbelt wird, spielt keine Rolle. Vielmehr einigten sich die Anlagenbauer in der Anfangsphase darauf, Windräder in eine einheitliche Richtung drehen zu lassen.

verbunden und bei Störungen auf offener See repariert werden. Auch das Speichern der so gewonnenen Energie ist noch mit vielen Schwierigkeiten verknüpft.

Mit Windenergie ließen sich bei gezielter Förderung ihres Ausbaus und einer gesicherten Einspeisung in geeignete Stromnetze schon bald 15 Prozent und mehr des hiesigen Strombedarfs decken. Im Jahr 2006 wurden knapp 12 Prozent der Elektrizität aus erneuerbaren Energien gewonnen; fast die Hälfte davon entfiel auf Windenergie. Doch gibt es auch vielfältige Bedenken gegen die Windkraft: Dem Auge schmeicheln die unansehnlichen Türme nicht besonders – Kritiker sprechen von einer »Verspargelung der Landschaft«. Zudem verursachen sie Lärm, können Vögel gefährden, die sich in den Rotoren verfangen. Auch beeinträchtigen sie möglicherweise die Windströme. Wie bei allen erneuerbaren Energien gilt es deshalb, in jedem Fall eine Einzelabwägung zwischen Energiesicherung, Umwelt- und Klimaschutz und Wirtschaftlichkeit vorzunehmen.

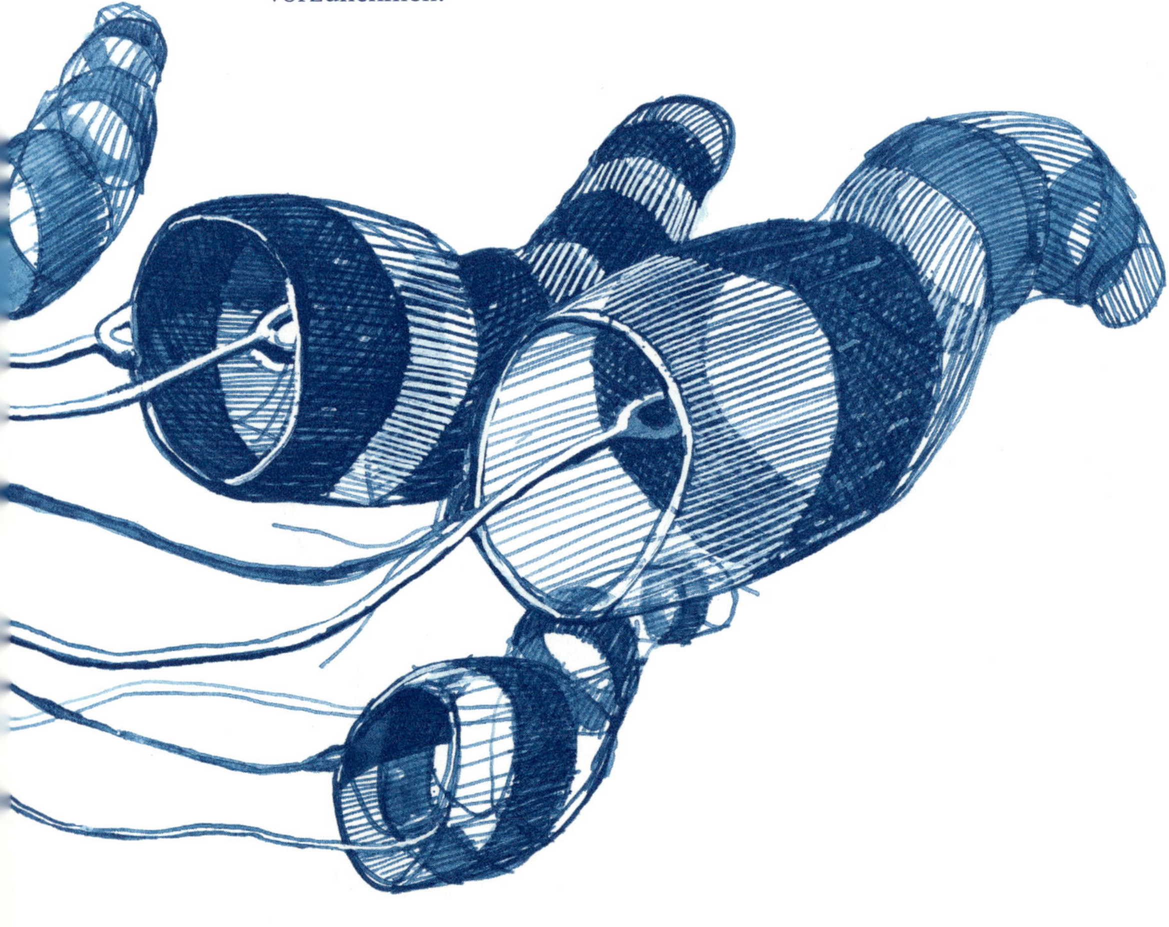

Wärme im Keller Grundwasserleiter unter dem Berliner Reichstag spenden schon seit einigen Jahren im Winter Wärme und Kühlung im Sommer: Dabei erzeugen zunächst zwei mit Pflanzenöl betriebene Blockheizkraftwerke Strom und Warmwasser. Die überschüssige Abwärme wird als heißes Wasser in einen unterirdischen Aquifer gepresst, der durch eine dicke Tonschicht gut nach oben abgedichtet ist. Dadurch bleibt die künstliche Wärmeblase mehrere Monate lang bis zum Winter erhalten. In einem weiteren Grundwasserleiter, 50 Meter tief in der Erde, dient ebenfalls Wasser als Transport- und Speichermedium. Dieses Mal funktioniert der Mechanismus umgekehrt: Winterliches Wetter kühlt das Wasser ab, in der Tiefe hält sich die Temperatur, so dass es noch Monate später im Sommer zwei Kühlsysteme mit der nötigen Kälte versorgen kann. Die so genannten Aquiferen-Speicher bestechen nicht nur aufgrund ihrer einfachen Funktionsweise, sondern auch wegen der niedrigen Investitionskosten. Als zukunftsweisend gelten sie besonders dann, wenn sie mit anderen erneuerbaren Energien – etwa Sonnenkollektoren – kombiniert werden.

Vom Ofen in der Erde

Je tiefer man in den Erdball eindringt, desto wärmer wird es, in Mitteleuropa im Schnitt drei Grad pro hundert Meter. Die dort gespeicherte Wärme ist nach menschlichem Ermessen unerschöpflich, denn sie speist sich aus dem ständigen Zerfall radioaktiver Elemente – ein Prozess, der noch Milliarden Jahre andauern wird. Wie aber diese Energie gewinnen? Dafür braucht man ein Transportmittel. In der Regel ist es Wasser, das entweder von selbst als heiße Quelle an die Oberfläche tritt oder das man als kaltes Wasser nach unten pumpt, um es in tieferen Erdschichten zu erwärmen. Wieder oben, kann dieses höher temperierte Wasser direkt in Heizsysteme oder in Kraftwerke zur Stromerzeugung fließen.

Doch geht es bei der Erdwärme, auch Geothermie genannt, nicht nur um tiefere Erdschichten, sondern ein großes Potenzial bietet auch die oberflächennahe Erdwärme. Mit »Wärmetauschern« lassen sich selbst relativ geringe Temperaturunterschiede so nutzen, dass sie im Winter einzelne Häuser beheizen und im Sommer kühlen können. Für einige markante Gebäude des Bundes wird die Geothermie schon genutzt, für den Reichstag in Berlin beispielsweise, dem Sitz des Deutschen Bundestages, und für das neu errichtete Umweltbundesamt in Dessau.

Im Gegensatz zur Solar- und Windenergie hat Geothermie den Vorteil, dass sie Tag und Nacht, rund ums Jahr ohne Einbußen verfügbar ist. Sie könnte also einen wichtigen Beitrag zu unserer langfristigen Versorgung leisten, allerdings sind für die Nutzung besonders der Tiefengeothermie noch hohe Investitionen nötig. Andererseits entfallen dann alle Kosten für den Einsatz von Brennstoffen. Anders als etwa auf Island quillt in Deutschland nicht massenweise heißes Wasser an die Oberfläche, schießt nicht aus heißen Geysiren gen Himmel. Hierzulande müssen aufwändige Leitungssysteme in der Erde installiert, Netze an der Oberfläche geschaffen oder erweitert und Kraftwerke gebaut werden. Eine einzige Bohrung in mehrere Tausend Meter Tiefe, die notwendig ist, um den entsprechenden Wärmegrad zu erreichen, kostet derzeit noch einige Millionen Euro. Auch die Standortsuche ist teuer, denn nicht immer eignet sich die Beschaffenheit der Gesteinsschichten zur Ausbeutung der Erdwärme; bei Probebohrungen mit Wasserverpressung für Geothermie kam es 2006 in Basel sogar zu einem leichten Erdbeben.

Um die Nutzung mit Geothermie voranzutreiben, ist noch viel Forschung und Entwicklung notwendig, auch wenn im Jahr 2003 das erste Erdwärmekraftwerk in Neustadt-Glewe in Betrieb genommen worden ist. Für weitere Standorte in Deutschland kommen in erster Linie der Oberrheingraben, der bayerische Voralpenraum und bestimmte Gegenden in Mecklenburg in Betracht. In Italien, vor allem um die kleine Stadt Ladarello in der westlichen Toskana, wird Erdwärme schon seit 100 Jahren genutzt, um Strom zu erzeugen: Zurzeit entstehen auf diese Weise 200 Megawatt pro Jahr. In Kenia liefern drei Geothermiekraftwerke ebenfalls schon seit längerem Strom. Im »Rift Valley«, einer jungen geologischen Formation, die sich vom Toten Meer aus durch ganz Ostafrika zieht, lässt sich Erdwärme sehr gut »ausbeuten«. Auch hierzulande kann Geothermie helfen, unsere Energiezukunft zu sichern.

Getreide statt Tiger in den Tank

Der vielseitigste erneuerbare Rohstoff ist die Biomasse. Das organische Material kann man direkt als feste Substanz etwa für die Wärme- und Stromerzeugung nutzen, man kann es verflüssigen oder vergasen und damit sogar als Kraftstoff verwenden. Bäume, Holzschnipsel, Gras, organische Abfälle aus dem Garten oder der Küche – alles, was einmal gewachsen ist, enthält gespeicherte Sonnenenergie, die durch verschiedene Verfahren wiedergewonnen werden kann.

In den Entwicklungsländern stellt die Biomasse bis heute den wichtigsten Energieträger dar. Etwa ein Drittel der Menschheit ist ausschließlich darauf angewiesen: Wo es keine Öltanks und keine Gasnetze gibt, heizt und kocht man eben mit Holz, Dung oder organischen Abfällen, die in der Küche oder bei der Ernte anfallen. Gesund ist das beileibe nicht immer, der dabei entstehende Rauch schadet der menschlichen Lunge, vor allem bei Feuern in geschlossenen Räumen. Zudem wird die Biomasse auch noch mit sehr niedrigem Wirkungsgrad verbrannt. Deshalb

Elefantengras Viele Experten widmen sich zunehmend der Erforschung geeigneter Pflanzen für die Energieversorgung, wie beispielsweise dem Miscanthus-Gras, bei uns besser bekannt als Elefantengras. Es scheint sich für die Stromerzeugung vor allem deshalb zu eignen, weil es wenig Dünger braucht, hohe Erträge aufweist und extrem schnell wächst. Bevor solche Pflanzen aber endgültig als brauchbarer Biomasselieferant gelten, müssen sie beobachtet und genau untersucht werden. Dabei möchte man gleich noch in Erfahrung bringen, ob sie vielleicht auch ausgelaugte oder zerstörte Böden wieder stabilisieren könnten – dann hätte man zwei Probleme auf einmal gelöst. Die Gesamtbewertung liegt noch nicht vor, zu viele Fragen sind offen.

wäre es viel besser, sie in kleinen, einfachen Anlagen zu vergasen, um dieses Gas dann sauberer und wirksamer einzusetzen. Aber wer keine Wahl hat, verbrennt, was ihm in die Finger kommt. Andererseits gilt die Biomasse – wie alle erneuerbaren Formen – als klimafreundlich, weil sie kein zusätzliches Kohlendioxid in die Atmosphäre abgibt, sondern nur so viel wie die Pflanzen beim Wachstum vorher gebunden hatten.

Auch in Deutschland erlebt das Heizen mit Holz, meist in Form so genannter Pellets, derzeit eine Wiedergeburt. Holzpellets sind Presslinge aus Säge- oder Hobelspänen; sie können wie Öl bis an die Haustür geliefert oder in Säcken erworben werden. Sie prasseln in einem Kamin ebenso gut wie in modernen, großen Zentralheizungen und brauchen für die Lagerung kaum mehr Platz als Heizöl. Und selbst bei der Stromerzeugung wird inzwischen viermal mehr Biomasse eingesetzt als noch vor einigen Jahren: Mehr als hundert solcher Kraftwerke gibt es hierzulande, und ihre Zahl wächst.

Große Erwartungen verbinden Experten auch mit der Biomasse als Kraftstoffersatz. Strom aus Wasser, Wind oder der Sonne, daran hat man sich schon gewöhnt. Sie liefern zwar vorerst nur einen geringen Teil der Gesamtproduktion, der aber steigt beständig an und wird immer wirtschaftlicher, je teurer Öl und je ausgereifter die Methoden zum Einsatz erneuerbarer Energien werden. Doch selbst wenn es uns eines Tages gelingt, damit den Löwenanteil unserer Stromversorgung zu decken, dann fahren damit noch lange keine Autos, Schiffe oder Flugzeuge.

Der Verkehr schluckt eine Menge Kraftstoff; er ist der zweitwichtigste »Energieverbraucher« nach den privaten Haushalten. Was also füllen wir künftig in den Tank? Benzin, eine Weiterverarbeitung von Rohöl, wird es jedenfalls nur noch einige Jahrzehnte geben. Was dann? Erdgas? Auch das geht irgendwann zur Neige. Heißt es danach: Zurück zum Fahrrad und zur Eisenbahn, zu Pferdekutschen und Dampfschiffen? Hoffentlich nicht, denn unsere arbeitsteilige Weltwirtschaft würde bei einem abrupten Wegfall der meisten Transportmöglichkeiten schnell zusammenbrechen. Deshalb richten sich die Hoffnungen auf Biomasse als eine Alternative zum Treibstoff unserer Mobilität. Motoren können auch mit Pflanzenfett oder Alkohol fahren, der aus Biomasse erzeugt wurde, eben nicht nur mit Benzin. Tatsächlich waren die ersten Motoren sogar darauf ausgelegt; den mächtigen Ölgesellschaften gelang es aber, die Entwicklung in eine andere Richtung zu lenken. Angesichts drohender Klimaveränderungen und des Niedergangs fossiler Energien besinnt man sich nun wieder des Kraftstoffs aus pflanzlichem Material.

Tatsächlich könnte eine ganze Reihe Bioenergieträger unsere Autos bewegen. Da wären zunächst die Pflanzenöle aus Raps und Sonnenblumen zu nennen sowie die verarbeitete Form des Rapses als Biodiesel. Auch Bioalkohol aus Zuckerrüben, Zuckerrohr, Getreide, Kartoffeln und aus holzartiger Biomasse sind mögliche flüssige Kraftstoffe. Selbst gasförmige Stoffe sind im Gespräch wie zum Beispiel Bio-, Klär- oder Deponiegas, die mehr oder weniger gut für den Einsatz in Fahrzeugen geeignet sind.

Der Zwitter Biomasse als Benzinersatz ist nicht die einzige Alternative. Heftig beworben werden derzeit Autos mit Hybridantrieb. Ein solches Auto hat immer zwei Motoren, einen Benzin- und einen Elektromotor. Der Gedanke dahinter ist einfach: Man braucht jeweils einen Antrieb für verschiedene Gelegenheiten. Auf der Autobahn fährt der Hybrid mit Benzin. Bei jedem Bremsvorgang, der besonders häufig im städtischen Verkehr notwendig ist, entsteht überschüssige Energie, die zugleich den Elektromotor auflädt. Der wiederum wird bei kurzen Strecken aktiviert. Das spart Benzin, Schadstoffe und macht weniger Lärm.

Biodiesel wird bei uns vor allem aus dem Samen der gelbblühenden Rapspflanze gewonnen und gelangt entweder direkt in den Tank oder als Beimischung zu konventionellem Kraftstoff. Zwar steigt sein Verbrauch in Deutschland seit Jahren, beträgt aber immer noch nicht mehr als drei Prozent. Biodiesel ist ein vollwertiger Kraftstoff. In zahlreichen Staaten, Deutschland eingeschlossen, gibt es bereits einen »Beimischungszwang«. Auch das schmälert die klimaschädliche CO_2-Belastung und spart herkömmliches Benzin.

Deutschland ist führend beim Biodiesel, aber dem Experiment sind räumliche Grenzen gesetzt, denn schon jetzt bleibt etwa ein Zehntel unserer Ackerfläche dem Rapsanbau vorbehalten. Doch selbst wenn alle nur denkbaren Flecken künftig mit der gelben Feldpflanze oder anderen Energiepflanzen bedeckt würden, reichte der Ertrag dennoch nicht, um den Bedarf unseres motorisierten Verkehrs zu decken. Ganz abgesehen davon, dass rund um den Erdball immer mehr Menschen mit Essen versorgt werden müssen und schon jetzt 800 Millionen Menschen hungern. Die große Begeisterung für Biomasse darf die möglichen nachteiligen Folgen einer Monokultur für die Nahrungsmittelproduktion, Artenvielfalt, die Fruchtbarkeit der Böden und das verfügbare Wasser nicht unbeachtet lassen. Deshalb müssen Vor- und Nachteile stets sorgfältig gegeneinander abgewogen werden. Steigerungen sind möglich und wichtig, aber Biodiesel wird Rohölprodukte auf absehbare Zeit nicht ersetzen können. »Volle Tanks« und »volle Teller« bei intakter Natur, also Bioenergie, sichere Ernährung und Vielfalt der Natur – das ist die Herausforderung, die bewältigt werden muss.

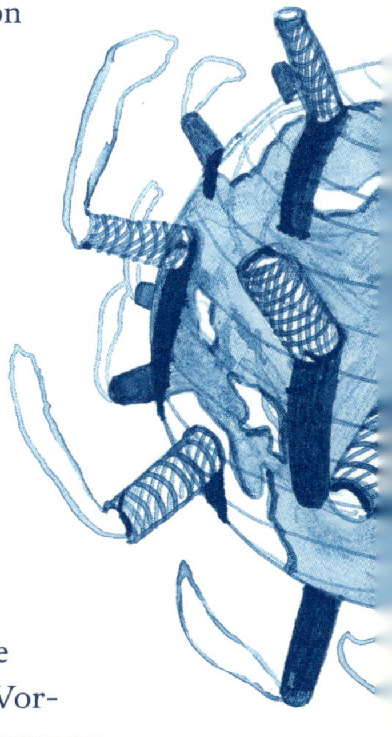

Ähnliches gilt für Ethanol und Methanol, auch Bioalkohol genannt. Er wird in Europa und Nordamerika vorwiegend aus Feldfrüchten wie Weizen, Roggen oder Mais gewonnen. Längst sehen sich viele Bauern nicht mehr nur als »Landwirte«, die Nahrungsmittel erzeugen, sondern auch als »Energiewirte«, die Energie herstellen. Zu den großen Vorzügen von Bioalkohol zählt seine Ähnlichkeit mit Benzin. Bis zu fünf Prozent lassen sich dem konventionellen Sprit beimischen, ohne dass am Motor des Fahrwerks irgendetwas verändert werden müsste. In Südamerika fahren Autos sogar mit reinem Ethanol oder einem Benzin-Alkohol-Gemisch.

Brasilien setzt seit langem offensiv auf diese Technik, denn das tropische Klima lässt Zuckerrohr in rauen Mengen emporschießen, das in Ethanol umgewandelt werden kann. Dem herkömmlichen Benzin ist bereits ein Viertel Bioalkohol beigemischt. Und im Jahr 2003 hat die dortige Fahrzeugindustrie das so genannte »Fuel-Flex-Auto« vorgestellt, das wahlweise mit Benzin, Alkohol oder einer Mischung aus beidem fährt. Jedes zweite Auto, das in Brasilien vom Band läuft, lässt sich mittlerweile völlig flexibel betanken. Das ist nicht nur ein Beitrag zum Klimaschutz, sondern die Luftqualität in den brasilianischen Großstädten hat sich auch deutlich verbessert. Allerdings steigt mit dem Alkoholanteil im Tank der Verbrauch, denn im »Schnaps« stecken nur etwa zwei Drittel des Energiegehalts von Benzin. Zudem besteht berechtigter Anlass zu der Sorge, dass in Brasilien deswegen einige Millionen Hektar Savannenland geopfert wurden. Außerdem gefährdet der rasche Anstieg des Sojaanbaus – auch zur Energieproduktion – den tropischen Urwald.

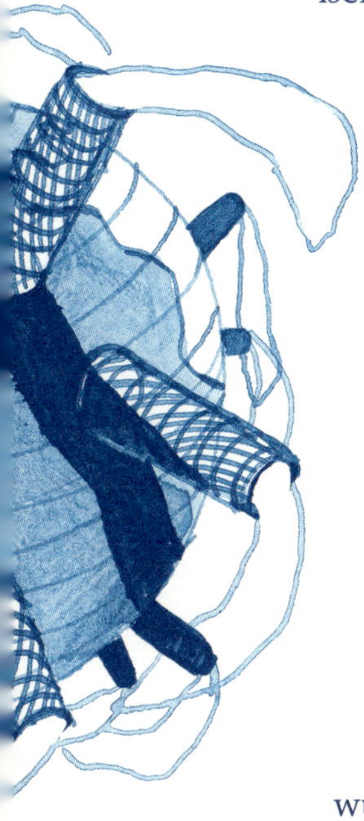

Ähnliches lässt sich in Asien, vor allem in Indonesien und Malaysia, beobachten, wo die massenweise Herstellung von Palmöl einen regelrechten Kahlschlag der tropischen Regenwälder zur Folge hatte. Beim Import von Rohstoffen wie Palmöl und Soja müssen deshalb ökologische und soziale Standards in den Anbauländern genauso beachtet werden, wie sie in Europa für die Produktion von Energiepflanzen gelten sollten.

Deutschland besitzt weder Klima noch Flächen, um es Brasilien gleichzutun. Beim bisherigen Biodiesel und Bioethanol spricht man daher auch

von Kraftstoffen der ersten Generation. Mehr Potential sehen Forscher im Sun-Diesel – einer Methode der zweiten Generation: Holz und andere organische Substanzen, etwa Stroh und Pflanzenstängel, die nicht mehr gebraucht werden, sollen hierbei im Zeitraffer die Entstehung der fossilen Rohstoffe nachvollziehen. Erfreulicherweise wäre dieser Kraftstoff nicht nur schadstoffärmer als Benzin, sondern auch noch erheblich effizienter als Raps oder Ethanol. Allerdings sind die Verfahren noch nicht marktreif.

Verheißungen der Zukunft

Mit der Wasserstofftechnik verbinden sich große Hoffnungen. Das leichteste Element (H_2) des Periodensystems gilt in Forschung und Wirtschaft als besonders aussichtsreich für die Speicherung von Energie und damit als »Energiequelle« für eine Ära nach dem Öl. Mit Solar- oder Windstrom, um zwei Beispiele zu nennen, aus Wasser (H_2O) hergestellt, könnte Wasserstoff künftig ein Energieträger ohne Grenzen werden – und ein sauberer dazu. Weil sich Energie im Wasserstoff gut speichern lässt und der Stoff selbst gelagert werden kann, bietet er zudem viele Möglichkeiten der Anwendung: Er eignet sich als Treibstoff für Fahrzeuge ebenso wie zum Heizen oder zur Stromerzeugung. Aber noch kann Wasserstoff nicht in den erforderlichen großen Mengen umweltverträglich und kostengünstig genug hergestellt werden – das hindert diese Technik bisher

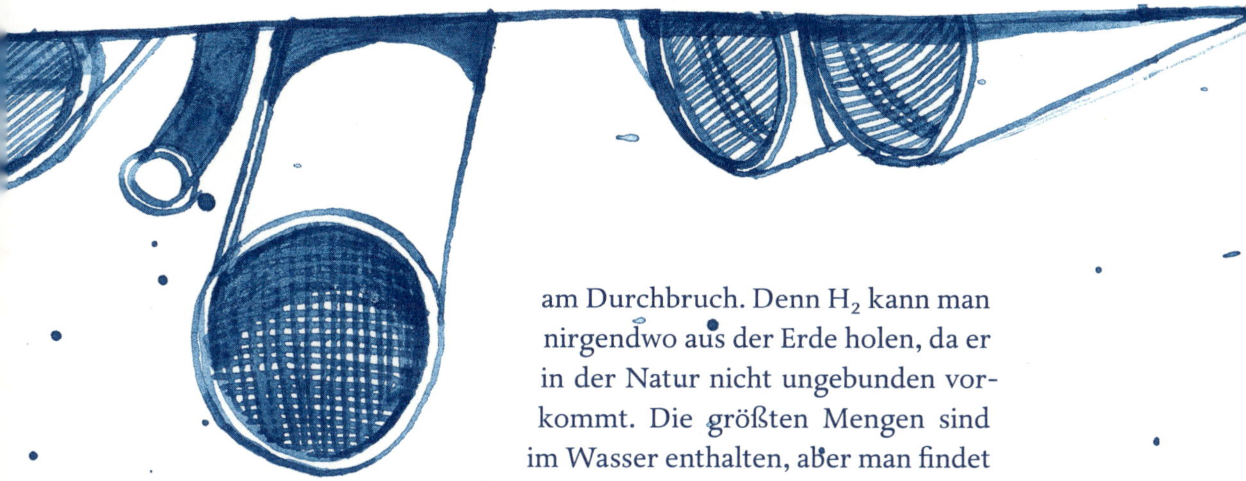

am Durchbruch. Denn H_2 kann man nirgendwo aus der Erde holen, da er in der Natur nicht ungebunden vorkommt. Die größten Mengen sind im Wasser enthalten, aber man findet ihn auch in Erdgas, Kohle und anderen organischen Verbindungen. Aus ihnen muss man das H_2 mühsam und vor allem unter Aufwendung von Energie lösen. Wasserstoff ist nur so sauber, wie der Prozess seiner Erzeugung, also der Energie, die eingesetzt wird.

Eine umwelt- und klimafreundliche Herstellung von Wasserstoff wird daher vor allem mit Solarenergie verbunden. Besonders dem Sonnengürtel dieser Welt, zum Beispiel den arabischen Ölländern, er-

Die Brennstoffzelle Die Brennstoffzelle ist ein elektrochemischer Wandler, bei dem das Prinzip der Elektrolyse – das Zerlegen von Wasser in die beiden gasförmigen Bestandteile Wasserstoff und Sauerstoff – umgekehrt wird, das heißt Wasserstoff und Sauerstoff verbinden sich in einem kontrollierten elektrochemischen Prozess (»kalte« Verbrennung) zu Wasser. Dabei können Strom und Wärme gewonnen werden. »Erfunden« wurde die Brennstoffzelle schon Anfang des 19. Jahrhunderts. Damals experimentierte der Waliser Sir William Robert Grove mit der Elektrolyse von Wasser zu Wasserstoff und Sauerstoff und stellte fest, dass sich dieser Prozess auch umkehren ließ. Schon bald stellte er eine »galvanische Gasbatterie« – die erste Brennstoffzelle – vor. Da aber die messbare Spannung und der Stromfluss gering waren, konnte sich die Brennstoffzelle nicht gegen Erfindungen wie den Elektrodynamo oder den Verbrennungsmotor durchsetzen. Inzwischen sind die Modelle leistungsfähiger, mit ihnen lassen sich auch Autos antreiben. In Testmodellen fahren sie in vielen Ländern bereits über die Straßen.

öffnet der »solare« Wasserstoff gute Perspektiven. Aber auch Wind und Erdwärme eignen sich. In die Diskussion gebracht wurde darüber hinaus der Einsatz neuer Kernkraftwerke, so genannter »Hochtemperaturreaktoren«, für die Erzeugung von Wasserstoff. Schließlich ließe sich selbst Abwärme aller Art, etwa aus großen Chemiekomplexen, dafür nutzen.

An Wasserstoff-Autos wird schon länger intensiv geforscht, weil sie den großen Vorteil bieten, weder Luft noch Klima zu belasten. Sie funktionieren entweder mit einer Brennstoffzelle – dann muss Wasserstoff gasförmig unter hohem Druck gespeichert werden. Oder das H_2 treibt den Motor direkt an. Für Letzteres muss der Wasserstoff bei sehr tiefen Temperaturen im Tank gespeichert werden – eine schwierige Sache also. Aber auch diese Herausforderung ist inzwischen gemeistert: BMW hat bereits 100 wasserstoffbetriebene Autos hergestellt, die derzeit erprobt werden und eindrucksvoll belegen, dass diese Technik dazu angetan ist, irgendwann in der Zukunft unsere Mobilität zu sichern.

Allerdings – für den Autosektor vielleicht das größte Hindernis – verträgt sich Wasserstoff, anders als Biodiesel und Bioethanol, nicht mit bestehenden Kraftstoffen. Für seinen Einsatz wäre vielmehr eine komplett neue Infrastruktur mit völlig anderen Tankstellen nötig. Selbst Optimisten halten deshalb einen forcierten Einstieg in eine Wasserstoffwirtschaft in den nächsten 30 bis 40 Jahren für wenig aussichtsreich.

Bleibt letztlich nur das Fazit: Die fossilen Energien – und dabei vor allem die Kohle – werden uns noch eine Weile begleiten (müssen), weil wir nicht ohne weiteres auf sie verzichten können. Ein sparsamer und möglichst klimaverträglicher Umgang mit Öl, Kohle und Gas bleibt daher so wichtig wie die Erschließung neuer, sauberer Energiequellen. Das Eine geht nicht ohne das Andere, denn das Eine schafft Raum für das Andere. Klar ist aber auch: Der

Energiemix von heute hat keine Zukunft, sonst schlittern wir entweder in eine Verteilungskrise oder das Klima spielt verrückt – denkbar wäre beides. Um dem vorzubeugen, muss sich die Mischung immer mehr zugunsten der Erneuerbaren verschieben.

Einmal um die ganze Welt

T-Shirts aus Bangladesch, Bananen aus Costa Rica, Blumen aus Kenia, Autos aus Japan, Fleisch aus Argentinien – aus aller Welt kommen unsere Waren heute. Und in jede Ecke des Globus verfrachten wir unsere. Die Globalisierung hat uns fest im Griff. Im Guten wie im Schlechten. Sie bietet Chancen auf mehr Wohlstand für alle, aber auch Gefahren für den Zusammenhalt unserer Gesellschaften und für unsere Umwelt. Denn Globalisierung bedeutet für viele Menschen: mehr Autos, mehr Flugzeuge, mehr Transport und damit mehr Flächenfraß, mehr Luftverschmutzung, mehr Erderwärmung. Ein Ausweg bietet sich erst dann, wenn die Wirtschaft nicht auf Kosten der Umwelt wächst, sondern mit ihr, wenn Wachstum und Raubbau entkoppelt werden. Dafür braucht es neue Technologien, schonendere Produkte und neue Konsummuster. Und es bedarf einer Politik, die Unterschiede zwischen Arm und Reich überwinden hilft und der globalen Wirtschaft einen ordnenden Rahmen schafft.

Viele Waren entstehen heute nicht mehr in einer einzigen Fabrik, sondern in mehreren Produktionsstätten über Ländergrenzen, ja sogar Kontinente hinweg. Die elektronische Zahnbürste »Sonicare Elite 7000« von Philips zum Beispiel. An ihr arbeiten Tausende von Mitarbeitern an zwölf Schauplätzen in fünf Zeitzonen. Die Platinen, elektronisches Herzstück der Bürste, werden in Manila (Philippinen) hergestellt, dann über Tokio (Japan) nach Seattle (USA) geflogen. Zuvor sind sie in Zhuhai, im Südosten Chinas, vorgeätzt worden. Die 49 Komponenten auf der Platine wiederum stammen aus Malaysia. In Manila werden sie aufgelötet und getestet und anschließend in die USA ausgeflogen. Gleichzeitig kommen aus Klagenfurt (Österreich) die Kunststoff-Teile, die per Lastwagen nach Bremerhaven gebracht und dort über den Atlantik verschifft werden. Der Spezialstahl stammt aus Schweden. Von Bremerhaven aus fährt ein Frachtschiff die halbe Bürste nach Port Elizabeth, New Jersey (USA). Von dort geht es per Bahn quer über den nordamerikanischen Kontinent. Und nahe Seattle wird alles zusammengeschraubt und verpackt. Zu dem Zeitpunkt haben die Komponenten fast 28 000 Kilometer zurückgelegt, zwei Drittel des Erdumfangs, um dann wieder in alle Welt zum Verkauf verschickt zu werden.

Ein überzogener Einzelfall? Keineswegs. Unterbrochene oder »segmentierte Warenketten«, wie der Fachausdruck heißt, gehören inzwischen zur wirtschaftlichen Normalität. Dahinter steckt zweifellos eine große logistische Leistung, denn an allen Orten müssen die Einzelteile immer punktgenau – »just in time« – verfügbar sein. Lagerhaltung würde nur zusätzliche Kosten verursachen. Deshalb wird der Transport selbst im Lastwagen, Schiff, Flugzeug oder in der Eisenbahn zum mobilen La-

ger, rentabel allerdings nur dadurch, dass die Umweltkosten, in Form von Klimagasen oder Naturverbrauch, bei den Frachtkosten nicht zu Buche schlagen.

Natürlich gibt es auch heute noch Textilien-Hersteller wie Trigema, die nach eigenen Angaben ihre Ware komplett in Süddeutschland herstellen, dem Qualitätssiegel »Made in Germany« im ursprünglichen Sinne gerecht werden, aber die Regel ist das schon länger nicht mehr. Beispiel Adidas: Das fränkische Herzogenaurach, wo die Weltmarke einst von einem visionären Unternehmer aufgebaut und großartig entwickelt wurde, ist zwar immer noch der Stammsitz des Konzerns. Aber der Einkauf wird in Hongkong getätigt, das Marketing in Amsterdam, der Großteil der Produktentwicklung im amerikanischen Portland, das Design in Tokio und in New York. Gefertigt aber werden Schuhe und Hosen zu einem Großteil in Asien. Oder der Anbau von Rosen, die wir nicht nur zum Muttertag kaufen: Sie werden in Europa gezüchtet, angebaut in Ecuador oder Kenia, verkauft in New York, Amsterdam und Frankfurt. Und selbst Dienstleistungen wandern bei Bedarf ab ins Ausland: Krabben etwa werden aus der Nordsee nach Marokko verfrachtet, dort geschält, gesäubert, gefroren und wieder nach Deutschland gebracht. Der Aufwand lohnt sich, weil die Marokkanerinnen, die das Pulen übernehmen, einen Bruchteil des Lohnes deutscher Arbeiter erhalten und die Transportausgaben Umweltkosten nicht berücksichtigen müssen.

Beispiele für solche Auslagerungen von Produktionsabläufen gibt es auch bei uns. Nicht immer sind gleich mehrere Kontinente beteiligt: Eine Berliner Wäscherei, die Hotels beliefert, bringt ihre schmutzige Ware

über die Grenze ins polnische Stettin. Dort wird im Schichtdienst rund um die Uhr, sieben Tage die Woche gewaschen, gebügelt und gefaltet. Schon am nächsten Morgen geht die Fuhre zurück. Das Ganze ist die Mühe wert, da eine Waschkraft in Polen deutlich weniger verdient als in Deutschland. Beispiele wie diese gibt es zuhauf, sie beziehen sich keineswegs nur auf Lohnunterschiede. Die Liste ließe sich beliebig fortsetzen und zeigt, dass wir daraus Vor- und Nachteile ziehen. Zwar wandern Arbeitsplätze ins Ausland ab, vor allem aus der Produktion, das empfinden wir als bedrohlich, dafür exportieren die Deutschen in alle Welt so viel wie noch nie – beides eine Folge globalen Wirtschaftens.

Chance oder Fluch?

Unterbrochene Produktionsabläufe sind Teil eines Prozesses, der etwas pauschal mit dem Wort »Globalisierung« überschrieben wird. Nicht mehr das Dorf, die Stadt oder das Land sind die gewohnte Einheit, sondern die ganze Welt wächst zusammen, wird durch preiswerten Transport und schnelle Kommunikation kleiner und kleiner. Zwar gab es auch früher schon grenzüberschreitenden Warenverkehr und internationale Netze, aber sie waren nicht so intensiv und dicht wie heute. Die Theorie dazu ist ganz einfach: Jeder produziert das, was er am besten oder am billigsten herstellen kann, und versorgt damit den Rest der Welt. Zur Not auch mit Produktteilen wie der Platine oder der Schuhsohle. Umgekehrt muss nicht jedes Land an der Produktion von Waren festhalten, bei denen es auf Dauer mit besseren und billigeren Anbietern ohnehin nicht konkurrieren könnte. So weit die Theorie, die Wirklichkeit spaltet die Gesellschaften in Kritiker und Befürworter – in »Globophone« und »Globophile«.

Optimisten betrachten die Globalisierung als eine großartige Chance, Wachstum zu schaffen und Armut zu mindern. Je arbeitsteiliger und damit kostengünstiger unsere Welt wird, davon sind sie überzeugt, desto eher kann es gelingen, alle Menschen mit dem Nötigsten zu versorgen,

Segmentierte Warenketten Segment heißt nichts anderes als Teil, Bestandteil oder Abschnitt. Die Produktionsabläufe sind heutzutage oft unterbrochen, werden aufgeteilt und auf verschiedene Standorte verteilt. Sie sind unterbrochen, erfolgen abschnittsweise. Das geht schneller, und ein solches Produktsegment lässt sich andernorts, trotz des notwendigen Zwischentransports, kostengünstiger herstellen. Segmentierte Warenketten werden durch die Globalisierung befördert und erfolgen über den ganzen Erdball. Jeder Zipfel der Welt kann einbezogen werden. Diese Art der Arbeitsteilung funktioniert aber lediglich in sicheren Zeiten. Friedliche, verlässliche Zusammenarbeit wiederum gibt es nur dann, wenn die Globalisierung allen zugute kommt, nachweislich auch den Entwicklungsländern. Eine Globalisierung, in der die Reichen immer reicher und die Armen immer ärmer werden, ist nicht zukunftsfähig.

weil jeder seine Stärken ausspielen kann und das im Ergebnis allen zugute kommt. Pessimisten dagegen halten die Globalisierung für schädlich, weil sie bei uns Arbeitsplätze vernichtet, die Kluft zwischen Arm und Reich vergrößert, Waren sinnlos um die halbe Welt transportiert, dabei die Luft verpestet, das Klima belastet und Bodenschätze verschwendet. Sie verbinden mit der Globalisierung die Besorgnis, dass große, weltweit tätige Unternehmen stärkeren Einfluss gewinnen als Regierungen. Warum, so machen sie geltend, einen Wein aus Südafrika, Australien oder Chile trinken, wenn auch ein deutscher oder französischer mundet? Nicht Globalisierung, sondern Dezentralisierung ist daher ihre Devise.

In Wahrheit aber bringt diese Debatte nichts, sie schürt nur Ängste. Denn Globalisierung ist eine Entwicklung, die sich nicht aufhalten lässt. Sie findet statt, ist, wie der frühere UN-Generalsekretär Kofi Annan schon Ende der neunziger Jahre nüchtern feststellte, »eine Tatsache des Lebens«. Sie so zu gestalten, dass Armut (auch bei uns) überwunden wird, ohne die natürliche Lebensgrundlage zu vernichten, darin liegt die Herausforderung und nicht darin, den Prozess aufhalten zu wollen.

Zumal, wenn man sich die politischen Ereignisse, die zum weltweiten Austausch von Waren und Gütern geführt haben, noch einmal vor Augen führt: Die Globalisierung ist erst durch das Ende der ideologischen Zweiteilung, des Kalten Krieges, in dem Ausmaß möglich geworden, wie wir sie heute kennen. Sichtbarstes Zeichen davon war der Fall der Berliner Mauer und des Eisernen Vorhangs. Erst nach dieser historischen Zäsur konnten sich gemeinsame Handelssysteme und Rechtsgrundlagen rund um die Erde entwickeln, weil erst dann der Wettbewerb zwischen dem System der Marktwirtschaft einerseits und der zentralen Planwirtschaft andererseits entfiel. Damit eröffneten sich neue Möglichkeiten, auch den Armen dieser Welt eine Perspektive auf ein menschenwürdiges Leben durch verstärktes Wirtschaftswachstum zu geben. Doch da sind wir noch lange nicht, auch wenn eine Reihe selbst afrikanischer Staaten in den vergangenen Jahren beachtliche Fortschritte vorweisen konnte.

Container und Computer

Nicht ohne Grund haben Container und Computer das Fließband als Inbegriff der Moderne abgelöst. Sie symbolisieren besser als alles andere, worum es bei der Globalisierung geht: Um die zunehmende Verflechtung aller mit allen, um ein weltweites Ineinandergreifen wirtschaftlicher (finanzieller und politischer) Prozesse. Direkte Voraussetzung dafür waren in erster Linie drei Entwicklungen des vergangenen Jahrhunderts: Bessere und verlässlichere Transportkapazitäten. Flugzeuge, Lastwagen, Autos und Schiffe wurden größer und schneller. Rohöl für Benzin und Diesel war billig und schien unbegrenzt. Dazu kamen gelockerte Zölle, auch eine Folge der 1995 neugegründeten Welthandelsorganisation. Wo früher jede Grenzstation noch Geld kassierte, werden die Fahrer heute oft ohne jede Kontrolle durchgelassen. Die Europäische Union ist dafür das wichtigste Beispiel, bis hin zu einer gemeinsamen Währung – dem Euro. Und schließlich die Kommunikations-Revolution, die uns Mitte der neunziger Jahre erfasst und seither nicht mehr losgelassen hat. Ohne Computer, das Internet und Handys sähe nicht nur unser persönlicher Alltag völlig anders aus, es ließen sich die Millionen Tonnen von Waren sowie die unzähligen, gewaltigen Finanztransaktionen und Dienstleistungen auch kaum um den Globus schaffen, die heute ganz selbstverständlich bewegt werden.

Kommunikation war lange Zeit sehr teuer. Noch in den achtziger Jahren telefonierte man nicht »mal eben so« von Deutschland in die USA. Inzwischen kostet eine Minute Telefonzeit in die Vereinigten Staaten – je nach Tageszeit und Anbieter – unter zehn Cent. Die Satelliten machten es möglich. Noch 1960 zahlte man, im Verhältnis zum Jahr 2000, für ein Dreiminutengespräch zwischen New York und London etwa 60 Dollar, 1970 um die 40 Dollar, 1980 6 Dollar und 1990 knapp fünf Dollar. Ähnlich verhält es sich mit den Preisen für Computer, die in den vergangenen vierzig Jahren rasant gefallen sind. Für ein Durchschnittsgerät muss man heute nur noch einige Hundert Euro hinblättern. Im Jahr 1960 kostete ein solches Gerät im Verhältnis 1,8 Millionen Mal mehr, im Jahr 1990 immerhin noch 7,5-mal mehr als im Jahr 2000. Die Zahl der Internet-Anschlüsse ist von einigen Tausend im Jahr 1984 auf etwa 10 Millionen im Jahr 1996 gestiegen. Inzwischen surfen weit mehr als eine Milliarde Menschen rund um den Globus im Netz. Und es kommen täglich neue dazu, auch wenn die Mehrzahl davon (noch) in den Industrieländern wohnt.

Ganz ähnlich sieht es beim Verkehr aus. Vor zwei Jahrhunderten

Im Netz Der klassische Internet-»User« ist eher ein Stadtmensch, lebt in den Industrieländern, ist männlich, spricht Englisch (oder hat es gelernt), gehört zu den besser Qualifizierten, Jüngeren und Wohlhabenderen. Weil viele Menschen, vor allem in ärmeren Regionen, zu dieser Form der Kommunikation überhaupt keinen Zugang haben, spricht man auch von einer »digitalen Kluft«. Die einen werden immer vernetzter und dadurch in der modernen Welt handlungsfähiger, die anderen fallen immer weiter zurück. Nach Schätzungen der Internationalen Fernmeldeunion ist etwa ein Drittel aller Dörfer weltweit an überhaupt kein Kommunikationssystem angeschlossen; ihnen fehlt noch jeder Zugang zur »Welt«. Auf der anderen Seite entstehen Hochgeschwindigkeitsnetze, die immer schnellere Übertragungen selbst gigantischer Datenmengen zulassen.

Money, money, money Dank starker Datenverbindungen lassen sich selbst große Finanztransaktionen in Sekundenschnelle erledigen. Wo früher ein Telegramm zum Geldabheben ermächtigte, genügt heute ein Mausklick, um eine Rechnung zu begleichen. Seit den siebziger Jahren etwa bekamen die Finanzmärkte nach und nach mehr Freiheiten, wurden »dereguliert«. Geradezu explodiert sind sie dann in den neunziger Jahren im Zuge der Economy, ganz einfach, weil sich Geldgeschäfte immer schneller abwickeln ließen. Doch seither wird immer häufiger Ware nicht mehr gegen Rechnung getauscht, sondern einfach nur noch spekuliert. Die Geldhandel entwickelte sich in den vergangenen zehn Jahren deutlich schneller als die Weltproduktion an Gütern. In den späten neunziger Jahren wurden auf den Weltdevisenbörsen schon täglich bereits an die 1200 Milliarden US-Dollar gehandelt, wovon der geringere Teil dem Wirtschaften im engeren Sinne diente. Dadurch ist viel Geld im Umlauf, die »Liquidität« hoch. Und über deren Wirkung gehen die Meinungen unter Wissenschaftlern auseinander: Liquidität schafft einerseits Sicherheit, weil sie Finanzengpässe vermeiden hilft, andererseits ist das kurzfristige Kapital »immer auf dem Sprung«. Man nennt das »Volatilität«. Sie macht langfristige Pläne und Investitionen, wie sie zum Beispiel Entwicklungsländer für den Aufbau von Infrastruktur brauchen, schwierig.

überstiegen die Transportkosten den Warenwert oft um ein Vielfaches. Mit der Erfindung der Eisenbahnen und Dampfschiffe sind Aufwand und Beförderungszeiten deutlich gesunken. Um 1830 zum Beispiel entfielen beim Verkauf von Weizen über Kontinente hinweg 79 Prozent der Kosten auf den Transport. Er verschlang einen Großteil des Erlöses. Um 1910 betrug dieser Anteil nur etwa 28 Prozent und ging seither immer weiter zurück. Heute, im Zeitalter der Container, Superfrachter, Flugzeuge, Güterzüge und Logistiksysteme sind sie im Vergleich zu damals auf ein Minimum zusammengeschrumpft. Diese Entwicklung hat zu einer beispiellosen Belebung des Warenaustausches geführt, weil die relativ teure Lagerhaltung

Jules Verne Französischer Schriftsteller des 19. Jahrhunderts. Er gilt als Erfinder des Science-Fiction-Romans, weil er seine Helden in die Tiefe der Erde, weit hinunter ins Meer oder sogar bis zum Mond schickt. In »80 Tagen um die Welt« wettet ein reicher englischer Gentleman, dass er es schafft, in eben dieser Zeit von London aus einmal den Erdball zu umrunden. Per Schiff ist Phileas Fogg unterwegs und erlebt dabei kaum zu bestehende Abenteuer, die er am Ende immer gerade so meistert, genau wie er kurz vor Ablauf der Zeit wieder rechtzeitig in London eintrifft. Das Buch wurde in viele Sprachen übersetzt und mehrfach verfilmt. Jules Verne, der zeitlebens von einer enormen Schaffenskraft getrieben war, schrieb mehr als 90 Bücher. Er starb im Jahr 1905, bekannt und vermögend.

gegen günstigere Transporte ersetzt wurde. Durch wegfallende Zölle und computergesteuerte Kontrolle des Warenflusses lohnt es sich, ein Produkt noch im Prozess der Herstellung mehrmals zu verfrachten.

Heute geht es nicht in 80 Tagen um die Welt, wie der französische Abenteuer-Romancier Jules Verne 1873 schrieb, sondern in acht Stunden um die halbe Welt. Shoppen in New York, damit umwerben Reiseveranstalter längst nicht mehr nur die Superreichen, das leistet sich heute auch die Mittelschicht. Denn Flüge sind billig wie nie, völlig widersinnig begünstigt durch eine Null-Steuer auf Flugbenzin und ohne Kosten für das freigesetzte Kohlendioxid, somit hoch subventioniert durch Klimaveränderung und Umweltschäden – also ungeachtet aller Folgen.

Bewegte Welt

Das Ende der Entwicklung ist noch lange nicht erreicht. Der Superflieger A 380 ist noch gar nicht in Betrieb. Er wird als größtes Verkehrsflugzeug der Welt alle Rekorde brechen. Dazu entstehen überall neue Flughäfen oder bestehende werden ausgebaut, Schnellzüge mit neuen Höchstgeschwindigkeiten eingesetzt, Straßen vergrößert oder Containerschiffe erworben. Allein der Frankfurter Airport, neben London Heathrow Europas größtes Drehkreuz, fertigt in manchen Monaten 4,8 Millionen Kunden ab – und es werden ständig mehr. Das Frachtaufkommen stieg binnen eines Jahres (zwischen Oktober 2004 und Oktober 2005) um mehr als zehn Prozent. Bis zum Jahr 2020 erwarten die Flughafenbetreiber einen weiteren Zuwachs um 40 Prozent auf 700 000 Starts und Landungen pro Jahr. Man plant deshalb ein neues Terminal und eine neue Landebahn. Ähnliche Steigerungen vermeldet der Münchener Flughafen. Auch dort wird über den Bau einer dritten Startbahn nachgedacht. Die Erweiterung sei dringend erforderlich, denn schon jetzt könnten jeden Tag fünf Stunden zusätzliche Nachfrage nach Starts und Landungen nicht bedient werden.

Aufgrund der bisherigen Zahlen nimmt man an, dass sich der weltweite Flugverkehr – statistisch gesehen – etwa alle zehn Jahre verdoppelt. Und das, obwohl Fliegen pro zurückgelegtem Kilometer eine sehr umweltbelastende Form der Fortbewegung ist. Der Kerosinverbrauch ist hoch; dazu kommen »Flächenfraß«, die Lärmbelästigung für Anwohner und CO_2-Ausstoß, bei dem der Flugverkehr den größten Anstieg überhaupt zu verzeichnen hat.

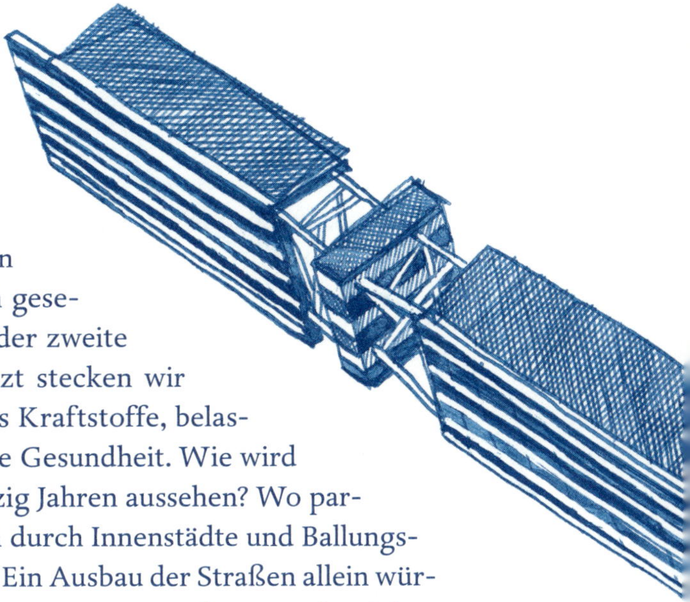

Nicht viel anders verhält es sich mit allen übrigen Transportmitteln: Der ADAC rechnet bei einer reinen Trendprognose bis zum Jahr 2015 mit 15 Prozent mehr Autos auf deutschen Straßen. 45 Millionen gibt es im Moment davon; statistisch gesehen besitzt bereits heute mehr als jeder zweite Bundesbürger eines. Doch schon jetzt stecken wir viel zu oft im Stau, vergeuden sinnlos Kraftstoffe, belasten das Klima, die Umwelt und unsere Gesundheit. Wie wird der Verkehr dann erst in zehn, zwanzig Jahren aussehen? Wo parken die Autos, wie quetschen sie sich durch Innenstädte und Ballungsgebiete, durch Mega- und Metacitys? Ein Ausbau der Straßen allein würde gar nicht mehr genügen, um diesem Ansturm gerecht zu werden. Man müsste sie schon doppelstöckig, wenn nicht dreistöckig anlegen. Intelligente Verkehrsleitsysteme, die via Satellitentechnik helfen, einen Stau zu vermeiden oder zu umfahren, sind sicher ein Teil der Lösung. Auch die »Städte-Maut«, eine Art Innenstadtgebühr, wie sie unter anderen London seinen Autofahrern schon erfolgreich abverlangt, leistet einen Beitrag. Doch der motorisierte Individualverkehr nimmt schlicht überhand. Er verbraucht zu viel Raum und zu viel Energie, kostet Zeit und wird zu einer riesigen Bürde für die Umwelt.

Der Güterverkehr per Lastwagen soll sogar noch mehr zulegen, in manchen Berechnungen um mehr als die Hälfte seiner heutigen Kapazität. Und das, obwohl die Straße Waren und Menschen viel verschwenderischer von einem Ort zum anderen bringt als etwa ein Zug oder ein Schiff. Je Energieeinheit kann ein Reisender mit einem Hochgeschwindigkeitszug 4,5-mal so weit fahren wie mit dem Auto. Mit ebenso hohem Energieverbrauch lässt sich eine Tonne Frachtgut auf dem Seeweg fünfmal so weit transportieren wie mit dem Lastwagen, auf der Schiene viermal so weit, in der Binnenschifffahrt zweimal so weit. Trotzdem wird der größte Teil der Produkte hierzulande auf Lastwagen gepackt. Grund: Der Straßenverkehr ist billig. Er trägt nicht alle Kosten, die er verursacht. Die externen Kosten, wie Fachleute es nennen, also die Luftverschmutzung, die Abnutzung der Straßen, die erforderlichen Maßnahmen gegen Lärmbelästigung und so weiter, finden nur unzureichend Niederschlag in den Transportkosten. Ein hoher Spritpreis auch durch eine entsprechende Mineralölsteuer und Sondergebühren für das Fahren auf Autobahnen oder in Innenstädten ist deshalb aus Umweltgesichtspunkten durchaus zu befürworten. Die Folgen für ärmere Familien und für transportabhängige Unternehmen müssten in einer Übergangsphase abgefedert werden.

Träume aus Blech

Längst nicht nur in Deutschland, überall auf der Welt nimmt der Verkehr dramatisch zu. Indien zum Beispiel, bis vor kurzem noch als Entwicklungsland tituliert, gehört heute zu den am schnellsten wachsenden Automärkten der Welt. In Indien gibt es bei über 1,2 Milliarden Menschen gegenwärtig zwar nur etwa 1,4 Millionen Autos, aber der Zuwachs ist rasant. Jeder, der es sich irgendwie leisten kann, ersteht ein eigenes Gefährt. Angesichts eines atemberaubenden Wirtschaftswachstums von jährlich bis zu neun Prozent verfügen mehr und mehr Inder über ein gewisses Vermögen, vergleichbar mit unserer Mittelschicht, und möchten nun konsumieren und genießen. Dazu gehört neben Annehmlichkeiten

Umweltgipfel Die Konferenz von Rio de Janeiro im Jahr 1992 war ein Ereignis ohnegleichen. Er brachte mehr Regierungschefs und Vertreter internationaler Organisationen an einen Tisch als jede Konferenz davor. Nicht weiter erstaunlich, denn kurz zuvor war der »Eiserne Vorhang« gefallen, die ideologische Zweiteilung der Welt Geschichte geworden. Es herrschte euphorische Stimmung, weil alle überzeugt davon waren, die großen Unterschiede zwischen Arm und Reich, zwischen Nord und Süd überwinden zu können. Die Summen, die bisher in Rüstung und Abschreckung der beiden Blöcke investiert worden waren, hoffte man jetzt für Anderes, für den Kampf gegen Armut und für den Umweltschutz zur Verfügung zu haben. So ging es in Rio um nichts weniger als die Zukunft der Erde. Man suchte nach Lösungen für die drängendsten Probleme der Menschheit, für das Austrocknen der Flüsse, das Schrumpfen der Wälder, die Erwärmung des Klimas. Neben einem Aktionsplan für das 21. Jahrhundert, genannt »Agenda 21«, einigten sich die Staatenvertreter damals auf ein grundlegendes Prinzip, das sie Nachhaltigkeit nannten: Wirtschaftlicher Fortschritt darf nicht auf Kosten der Umwelt vonstatten gehen, auch nicht zu Lasten sozialer Programme. Alle drei Faktoren sollen gleichberechtigt nebeneinanderstehen. Nur so lässt sich das Überleben der Menschheit sichern, lautete schon damals die Einsicht.

wie moderner Haushaltstechnik auch der Traum in Blech. Wer Indiens heutige Straßenkarte mit der von vor 25 Jahren vergleicht, der findet ein dichtes Netz an Verbindungen, wo vorher nur vereinzelte dünne Linien waren, und darin zugleich die wesentliche Voraussetzung für den dortigen Aufschwung. Nicht zufällig heißt eine der schnellsten Autobahnstrecken des Landes nach dem früheren Unabhängigkeitshelden »Mahatma Gandhi Expressway«. Das Auto als Symbol von Fortschritt, Wohlstand und persönlicher Freiheit. War es bei uns nicht ähnlich, damals in den fünfziger Jahren, im Wirtschaftswunderland nach dem Krieg?

Und bis in die Gegenwart hinein ist das eigene Fahrzeug viel mehr als ein reines Fortbewegungsmittel. Das gilt erst recht für die Vereinigten Staaten, wo öffentliche Verkehrssysteme leider immer noch die Ausnahme sind. Spritzige Verfolgungsjagden, möglichst im »Traumauto«, gehören nicht ohne Grund bis heute in jeden guten Hollywood-Thriller.

Dabei ist der Verkehr mit Abstand der größte Erdölverbraucher überhaupt: Ein hoher Prozentsatz der weltweiten Erdölförderung verbrennt täglich in Transportmitteln. Wie viel wird es erst sein, wenn auch in Indien, China, Brasilien, in Südafrika und Thailand so viele Autos fahren wie in Europa? Oder in noch ärmeren Ländern wie Äthiopien, dem Senegal, Bolivien oder Bangladesch. Im Moment kommen in Westeuropa zwischen 600 und 700 Autos auf je 1000 Einwohner. In China sind es noch weniger als 50. Man kann sich das Wachstumspotential leicht ausmalen. Doch das Zahlenbeispiel zeigt auch: Das westliche Modell mit seiner individuellen Mobilität ist kein »Exportartikel«. Es lässt sich nicht auf alle Länder dieser Erde übertragen. Dafür reichen weder die Bodenschätze noch lässt es das Klima zu. Wir bräuchten mehrere Erden, um jedem ein Auto zu gönnen, jedenfalls solange sie so viel Sprit verbrauchen wie heute und solange nicht andere Treibstoffe verfügbar sind. Und doch sehen wir gerade zu, wie die restliche Welt versucht, die westlichen Gewohnheiten zu kopieren, dabei wäre das Gegenteil notwendig: dass wir unsere Konsummuster überdenken und wo immer möglich neue Technologien einsetzen.

Gift im Wasser Im November 2005 etwa erreichte die nordchinesische Millionenstadt Harbin ein riesiger Giftteppich. Er schwamm auf dem Songhua-Fluss, der die Stadt durchquert und aus dem die Einwohner ihr Trinkwasser beziehen. Nachdem die Behörden lange gezögert hatten, gestanden sie erst mit zehntägiger Verspätung ein, in einem Chemiewerk flussaufwärts habe sich eine Explosion ereignet. Fünf Tage lang wurde die Stadt mit Wasser aus Containern versorgt, erst als das Schlimmste vorüber war, drehten die Verantwortlichen die Hähne wieder auf. Dabei beließen es die Behörden aber nicht. Sie starteten gemeinsam mit Russland, das indirekt Anrainer des Songhua-Flusses ist, ein umfassendes Analyse- und Sanierungsprogramm. Szenen wie diese zeigen, der rücksichtslose Umgang mit der Natur hat einen Preis, den die Menschen auch in China immer weniger gewillt sind zu bezahlen, schon weil es die eigene Gesundheit betrifft. Zumal das Umweltkapital bereits so weit aufgezehrt ist, dass sich Wirtschaftswachstum künftig erheblich schwieriger erzielen lässt.

Wachstum *und* Umwelt

Doch was tun, wenn unser Wirtschaften auf Wachstum, auf immer mehr ausgelegt ist? Gilt angesichts verstärkter Produktion und Mobilität der alte Dreiklang von Nachhaltigkeit, von »sustainability« überhaupt noch? Vor fünfzehn Jahren auf dem großen Umweltgipfel von Rio de Janeiro lautete die Formel: Umwelt-, Wirtschafts- und Sozialentwicklung müssten gleichberechtigt nebeneinanderstehen. Damals auch wurden einige wichtige Umweltverträge geboren, wie die Klimarahmen-Konvention, Grundlage für das Kyoto-Protokoll zur Verminderung des Kohlendioxidausstoßes, oder die Konventionen zur Artenvielfalt und zum Schutz gegen die Wüstenbildung.

Schon bald danach zeigte sich, dass die große Aufbruchstimmung von Rio nicht weit genug trug, die tatsächliche Entwicklung auf der Welt nur wenig zu beeinflussen vermochte. Denn es fehlten Ziele und Zeitpläne für die Verwirklichung der guten Beschlüsse. Die so genannte »Friedensdividende« – Gelder, die zuvor militärischen Zwecken dienten – ließ sich nicht einfach einlösen. Es mussten weitere zehn Jahre vergehen, bis zur »Konferenz für nachhaltige Entwicklung« in Johannesburg im Jahre 2002, ehe die allgemeinen Ziele mit konkreten Zahlen und überprüfbaren Zeitplänen konkretisiert wurden. Zum Beispiel hat man sich abermals vorgenommen, die Zahl der Menschen, die keinen Zugang zu sicherem Trinkwasser haben, bis zum Jahr 2015 zu halbieren. Aber auch ein weniger spektakuläres Ziel wurde festgeschrieben: Bis zum Jahre 2005 sollte es weltweit kein bleihaltiges Benzin mehr geben – und das wurde sogar weitgehend erreicht!

Erst allmählich setzt sich die Erkenntnis durch, dass man in einer Welt von bald sieben Milliarden Menschen nicht zunächst auf Kosten der Umwelt und des sozialen Ausgleichs wohlhabend werden kann, um mit diesem Wohlstand dann später gegen Armut und Raubbau an der Natur vorzugehen. Leider glauben immer noch zu viele, eine wachsende Wirtschaft allein sei das wirksamste Mittel gegen Elend und Hoffnungslosigkeit; sie müsse Vorrang vor allem anderen haben ungeachtet aller Folgen für Umwelt und Gesellschaft. Tatsächlich zeichnet sich immer deutlicher das Gegenteil ab: Brummt die Wirtschaft zu Lasten von Luft, Wäldern und Wasser, profitiert davon nur ein kleiner Teil der Bevölkerung, ist die Freude nicht von langer Dauer, weil nur ein Strohfeuer lodert, keine beständige Glut glimmt.

Chinas Turbowirtschaft bietet ein anschauliches Beispiel dafür. Zwar produziert das Riesenreich jedes Jahr mehr Spielzeuge, Textilien, Plastikgeschirr und neuerdings auch Autos, aber lange Zeit ohne Rücksicht auf ökologische Verluste und soziale Verwerfungen. Und wir Konsumenten im Westen haben davon gerne Gebrauch gemacht – Geiz soll ja geil sein. Das ermöglichte in China zwar Wachstumsraten des Bruttosozialprodukts von bis zu zehn Prozent, aber alles hat seinen Preis: Selbst offizielle chinesische Statistiken beziffern das »Grüne Sozialprodukt«, das die Auswirkungen dieses Wachstumsbooms auf Flüsse, Luft und Böden mit einbezieht, auf mindestens drei bis vier Prozent unterhalb der herkömmlichen Wachstumsraten. Mit anderen Worten: Hier wurde mit dem Naturkapital auch wirkliches Geld verspielt. Und die Konsequenzen sind erschreckend: Zwanzig der dreißig am meisten verschmutzten Städte der Welt liegen in China. Viele Flüsse des Landes sind hochgradig verdreckt. Trotzdem wird das meiste Abwasser immer noch ungeklärt in die Flüsse geleitet. Für 300 Millionen Chinesen – fast viermal die Bevölkerung Deutschlands – sind Umweltkrankheiten wegen schlechten Wassers oder belasteter Luft eine ernste Gefahr.

Doch auch China hat seine Lektion inzwischen gelernt und steuert um. Die Verantwortlichen haben Programme entworfen zum Bau von Kläranlangen, zur Reinhaltung der Luft, bei der Stadtplanung und manchem mehr. Sie nehmen die Umweltkosten schrittweise in ihre Kalkulationen auf. Denn allen ist klar geworden, dass Wirtschaften nicht im gleichen Umfang wie bisher ökologisch subventioniert werden kann. Übrigens, auch die breite Bevölkerung Chinas interessiert sich immer stärker für Umweltfragen.

Was für China gilt, trifft auch für den Rest der Welt zu, besonders für die Entwicklungsländer, denn Armut kann nur mit – nicht gegen – die Leistungen der Natur dauerhaft überwunden werden. Trotzdem verhallen Mahnungen, Länder, die ihren Industrialisierungsprozess gerade erst beginnen, sollten doch klüger sein, meist ungehört. Sie sollten ihre Wirtschaft erst gar nicht mit chemischen »Keulen« und auf der Basis von Kohle und Öl, sondern auf umweltschonenden Technologien aufbauen. Doch solche Ratschläge kommen selten gut an. In Afrika etwa hören Entwicklungshelfer häufig: »Wir wollen, was ihr habt.« Meint: Häuser, Autos, Wohlstand, Bequemlichkeit, vor allem aber eine verlässliche Grundsicherung aller Bedürfnisse. Schon deshalb ist es umso wichtiger, dass die Industrieländer mit gutem Beispiel vorangehen. Der Dreiklang von Rio gilt immer noch, muss gelten, heute mehr denn je. Denn eine Vervielfältigung des amerikanischen Lebensstils kann sich die Welt schlicht nicht leisten. Muss sie auch nicht. Es gibt viele Wege, Komfort zu erzeugen, ohne skrupellosen Raubbau an der Natur zu treiben, zumal »Lebensqualität«, je nach Kultur, ganz Verschiedenes meint. Gerade auch in den »hochentwickelten Ländern« führt eine umweltbewusste Veränderung der eigenen Konsumgewohnheiten sehr oft zu einer höheren Lebensqualität.

Wo bleibt die Politik?

Bisher vernetzt sich die Welt vor allem auf wirtschaftlichem Gebiet. Die Politik ist weiterhin eher geprägt vom Nationalstaat und seinen Regierungen in Hauptstädten. Zwar versuchen die Vereinten Nationen, die Globalisierung politisch zu gestalten, man nennt das »global governance« (globales Regieren oder Steuern), aber bisher halten sie nicht Schritt mit den Entwicklungen in der Wirtschaft. Im Umweltsektor zum Beispiel gibt es mittlerweile Hunderte von Spezialabkommen. Dadurch zerfällt globale Umweltpolitik in zu viele kleine Einheiten, die untereinander schon deshalb kaum zu koordinieren sind, weil die dazu gehörigen Sekretariate über die ganze Welt verteilt liegen. Der Umweltbereich innerhalb der Vereinten Nationen müsste gestärkt und gebündelt werden – Wetter, Luft und Meere richten sich nun einmal nicht nach nationalen Grenzen. Sie sauber und intakt zu halten, kann nur im internationalen, oft sogar nur im globalen Rahmen geschehen. Dazu gibt es viele Reformvorschläge für das bisherige UN-Umweltprogramm UNEP. Gedacht ist etwa an einen Weltumweltrat, der, ähnlich wie der Sicherheitsrat bei Krieg und Frieden, dann einschreiten würde, wenn die Erde physisch in Gefahr ist. So wie »Blauhelme« auf Geheiß des Sicherheitsrats eingesetzt werden, um Kriege zu verhindern oder zu beenden, so müssten auch »Grünhelme« mögliche Konflikte um begrenzte Rohstoffe, Wasser und Böden oder um illegale Abfallexporte frühzeitig erkennen und entschärfen.

Überhaupt steht die »global governance« erst am Anfang. Denn es muss künftig auch um Verhaltenskodizes für Unternehmen und um Sozialstandards gehen, die möglichst überall gelten. Dafür wiederum braucht es stärkere Institutionen, die solche Vorschriften entwickeln und ihre Einhaltung überwachen. In Frage kommen dafür neben Regionalorganisationen wie die Europäische Union nur die Vereinten Nationen. Doch die Weltorganisation benötigt eine grundlegende Reform: Einen moderneren Zuschnitt ihrer Organe, Fonds und Programme, klare Zuständigkeiten und engagierte Mitgliedstaaten. Es sind nicht nur die Vereinigten Staaten von Amerika mit ihrer traditionell UN-kritischen Sichtweise, die einen solchen Aufbruch verhindern. Zahlreiche Entwicklungsländer blockieren den Reformprozess ebenfalls. Dabei wäre ein neuer Zuschnitt der internationalen Institutionen dringend nötig, damit der globalen Wirtschaftsmacht ein politisches Gegengewicht erwächst.

Grüne Produkte

Deutschland kann vor allem – aber nicht nur – in Sachen Umweltschutz eine Vorreiterrolle einnehmen, dabei sichere Arbeitsplätze schaffen und noch gutes Geld verdienen. Energiesparende, rohstoffbewusste und klimafreundliche Technik hat Zukunft, das wissen heute schon deutsche ICE-Entwickler und hiesige Solar- und Windkraftbetriebe, merken brasilianische Ethanolhersteller und bald auch die Autobauer, wenn sie endlich serienreife Konzepte für spritarme und alternative Wagen auf den Markt bringen. Dass Umwelt und Wirtschaft keine Gegensätze sind, sondern sich gegenseitig bedingen, spüren wir mit jedem Cent, den die Benzinpreise steigen. Plötzlich lohnen sich Drei-Liter-Autos oder die Fahrt mit dem Bus, empfehlen sich Investitionen in bessere Fenster oder dickere Wände, kauft man Stromsparlampen und -kühlschränke. Das Zeitalter der Energieeffizienz und der Kreislaufwirtschaft hat eben erst begonnen, sodass manche schon einen regelrechten »Hype« mit Milliardenumsätzen für grüne Produkte vorhersehen.

Übrigens, hier präsentiert sich die Globalisierung eindeutig positiv: Neue Technologien und das Wissen um ihre Zusammenhänge lassen sich heute viel leichter verbreiten als früher. Selbst der Austausch von Verbrauchertipps – wo spare ich am meisten, wie lassen sich Stromrechnungen drücken, welche Produkte sind giftig und gesundheitsschädlich? – ist kein Problem mehr. Die modernen Kommunikationsmittel machen es möglich, das sollten wir nutzen. Eine neue »industrielle Revolution« ist in Gang gesetzt.

Auf jeden Einzelnen kommt es an

Wohlstand, aufgebaut auf der Zerstörung der Umwelt, ist kein wirklicher Wohlstand, bestenfalls eine kurzfristige Milderung der Tragödie. Es wird kaum Frieden, wohl aber noch mehr Armut geben, falls dieser Angriff auf die Natur anhält.

Kofi Annan, ehemaliger Generalsekretär der UN

Immer wieder haben wir erfahren müssen: Die Natur hat ein sehr langes Gedächtnis! Fehler, die der Mensch im Umgang mit ihr bewusst oder unbewusst begeht, lassen sich nicht schnell und leicht korrigieren. Wie ein großer Tanker ist auch die Natur nur schwer wieder von der einmal eingeschlagenen Richtung abzubringen, selbst wenn alle Maschinen auf »volle Fahrt zurück« gestellt werden, selbst wenn entschieden gehandelt wird, um Fehler der Vergangenheit zu berichtigen. Die steigende Erderwärmung, die veränderte Wasserzusammensetzung der Ozeane, schmelzende Gletscher – das alles sind von den Menschen verursachte Veränderungen, die nicht mehr von heute auf morgen zu beheben sein werden. Das gilt auch für den galoppierenden Verlust der Artenvielfalt, für Chemikalien, für Schwermetalle wie Quecksilber oder Blei, mit denen wir jahrzehntelang den Globus belastet haben. Es gilt für den Verlust von ackerbaren Böden.

Während sich die Einen besorgt fragen, ob die Wunden, die wir der Natur geschlagen haben, überhaupt jemals heilen werden, halten Andere solche Aussagen selbst dann noch für »übertriebene Schwarzmalerei«, wenn die wissenschaftlichen Belege dafür immer eindeutiger werden. Sie verweisen gern darauf, dass bisher noch immer Lösungen für jede Herausforderung gefunden worden seien. Tatsächlich aber hatte das »Weiter so« in der Geschichte unserer Entwicklung immer wieder Konjunktur – ob beim Autoverkehr, bei der Flächenversiegelung oder bei der Übernutzung unserer Rohstoffe – und uns »weiter so« zu einem Verbrauch natürlicher Ressourcen ermuntert, der weit über die Verhältnisse des Planeten Erde geht. Auf all diesen und noch weiteren Gebieten ist eine Kurskorrektur bitter nötig, damit wir nicht dauerhaft unsere eigene Lebensgrundlage gefährden.

Wahr ist: Einige der schlimmsten Prognosen der aufkeimenden Umweltbewegung der siebziger und achtziger Jahre sind zum Glück nicht eingetreten – jedenfalls bisher nicht. Es gibt noch Wälder, Seen und Flüsse. Es wächst noch genug auf Erden, um alle Menschen zu ernähren – im Prinzip jedenfalls. Aber waren die Prognosen deshalb falsch? Mitnichten. Sie haben dazu beigetragen, uns aufzurütteln, nachdenklich zu machen, unsere Grenzen – auch des Wachstums – zu erkennen. Vielleicht waren die Inhalte nicht in jedem Fall glücklich kommuniziert, vielleicht war bei manchen eine Spur Emotionalität zu viel dabei. Aber in der Sache sind die Bedenken aktueller denn je. Jetzt kommt es darauf an, nichts zu beschönigen, aber auch nichts zu dramatisieren. Hysterie hilft genauso wenig weiter wie Wegschauen.

Denn inzwischen ist klar, ein »Weiter so« geht nicht länger gut. Solange unsere Wirtschaft und unser Verbrauch von Natur im Gleichschritt wachsen, sägen wir am sprichwörtlichen Ast, auf dem wir sitzen. Dass Länder wie China und Indien unsere Lebensart kopieren, ist zwar verständlich, macht die Lage aber nicht einfacher. Nur werden die Schwellen- und Entwicklungsländer ihren steigenden Verbrauch an Rohstoffen schon gar nicht einschränken, wenn wir – die reichen Industriestaaten des Nordens – nicht mit gutem Beispiel vorangehen und zeigen, dass moderne, intelligentere, weil schonendere Technologien eine Menge ausrichten können.

Die spröden Zahlen wie »Faktor 3« oder »Faktor 10« signalisieren uns, dass man mit Energie und Rohstoffen dreimal oder zehnmal effizienter umgehen kann und muss als bisher. Man bezeichnet das als eine »Dematerialisierung« der Produktion: Wir können die gleiche Wirtschaftsleistung mit geringerem Mitteleinsatz erreichen. Das schont die Natur, beflügelt den menschlichen Erfindergeist und stärkt den Wettbewerb – besonders wenn die Verbraucher dieses politische Ziel als richtig erkennen und ihren Einfluss geltend machen. Bessere, effizientere Technik reicht aber nicht aus. Die Gewinne aus diesen Effizienzsteigerungen werden sehr schnell aufgezehrt und übertroffen durch die Bedürfnisse von immer mehr Menschen und durch immer höhere Ansprüche besonders der Menschen in den entwickelten Ländern. Neben der Effizienz muss daher auch die »Suffizienz« eingefordert werden, also ein maßvolles Konsumieren, eine Begrenzung der eigenen Ansprüche.

Das Verhalten jedes Einzelnen ist entscheidend, wenn ein umfassender Wandel eintreten soll. Die Zukunft der Menschen auf dieser Welt ist zu wichtig, als dass man sie nur den Politikern überlassen dürfte. Die Politik hält sich oft zu lange bei den Nebensätzen in Abschlusserklärungen auf – einer Abschlusserklärung, die meist schlussendlich ohnehin nur wieder die Absicht erklärt, dass man auf der nächsten Konferenz über eine mögliche spätere Zusammenarbeit nachzudenken gewillt ist. Es sind leider allzu oft Vertagungsrituale vor laufender Kamera, auf denen gerade immer nur so viel versprochen wird, dass die Hoffnung nicht stirbt. Jeder Versuch, zu einem greifbaren Ergebnis zu kommen, scheitert meist schon an dem allseits beliebten Wechselspiel: Erst musst du handeln, dann werde ich es möglicherweise auch tun und umgekehrt – das bekannte Mikado-Spiel: Wer sich zuerst bewegt, hat verloren. Nur wenn der Bürger, der Wähler den Politikern klarmacht, dass er sich mit solchen Vertagungsritualen nicht länger zufrieden gibt, wird sich daran etwas ändern lassen.

Dabei brauchen wir den Dialog und die politische Zusammenarbeit aller. Denn auch neue Technologien können wieder Probleme heraufbeschwören, wenn sie kurzsichtig und unverantwortlich eingesetzt werden. Viele der technischen Lösungen von heute – man denke an die Gentechnik oder die Informationstechnologien – können durchaus ihren Nutzen haben, aber langfristig betrachtet oft auch schwerwiegende und unumkehrbare Folgen. Die Welt wird dadurch noch kleiner, die Abhängigkeit

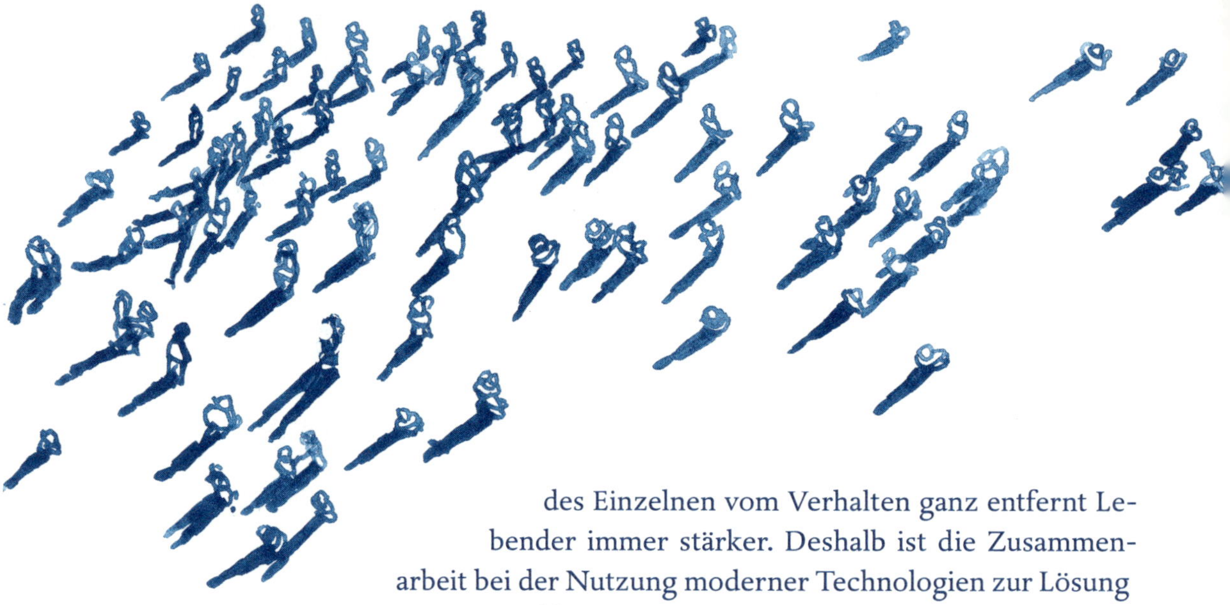

des Einzelnen vom Verhalten ganz entfernt Lebender immer stärker. Deshalb ist die Zusammenarbeit bei der Nutzung moderner Technologien zur Lösung gemeinsamer Probleme so wichtig. Wechselseitiges Misstrauen, ideologische Fundamentalismen, Beschuldigungen und Anklagen über früheres Verhalten – all das behindert nur den Prozess der Verständigung und Kooperation.

Umweltpolitik wird in Zukunft noch viel mehr als heute zentraler Bestandteil der Friedenspolitik sein. Das beweist schon der Kampf um die knapper werdende Ressource Wasser in bestimmten Regionen der Welt. Konflikte, die aus der Übernutzung von Natur und Umwelt durch einige für viele andere entstehen, müssen vorbeugend behandelt werden. Etwa in der Frage des Zugangs zu Wasser, in der Erhaltung der Fruchtbarkeit der Böden oder in der gemeinsamen Nutzung der kulturellen Weisheiten, die in vielen Völkern in der Vielfalt an Tieren und Pflanzen aufgehoben sind.

Technologische Neuerungen brauchen leistungsfähige weltweite Abstimmungs- und Handlungsstrukturen, damit sie uns nicht ins Unkontrollierbare entgleiten. Das alles können nur die Vereinten Nationen, wenn sie entsprechend weiterentwickelt, ausgerüstet und gestärkt werden. Die Nationalstaaten müssen noch besser miteinander kommunizieren, in vertrauensvolle Dialoge eintreten, damit internationale Politik zu verlässlichen und einklagbaren Handlungen führt. Ohne internationale Zusammenarbeit werden wir die nötigen Veränderungen nicht erreichen können. Da alle Weltreligionen den Respekt vor der Natur, vor der

Schöpfung in ihren Glauben eingebunden wissen, bietet sich hier eine gemeinsame Grundlage, auf der wir aufbauen können.

Fehlentwicklungen und Risiken zu benennen, ist kein übertriebener Pessimismus, sondern Voraussetzung für einen Wandel, der technischen Fortschritt ebenso einschließen muss wie eine Korrektur unserer Verhaltensweisen. Daraus darf aber keine Resignation erwachsen, nach dem Motto: Ich kann ja doch nichts ändern. Das wäre die falsche Reaktion auf die Herausforderungen, vor denen wir stehen. Genauso falsch wäre es, darauf zu bauen, dass Lösungen wie Manna vom Himmel fallen. Tragfähige Lösungen brauchen politisches Bewusstsein, ein klares Bild von den Problemen, die vor uns liegen, und die Bereitschaft – jedes Einzelnen – zum Handeln. Das sind die Gebote für die Zukunft – einer Zukunft mit acht oder neun Milliarden Menschen schon im Jahr 2050.

Wer mehr wissen will

Die Informationen für dieses Buch haben wir nicht alle aus eigener Anschauung gewinnen können, schon gar nicht alle im Kopf gehabt. Viele stammen aus anderen Quellen. Wer noch mehr wissen möchte, findet hier einige Anregungen.

Organisationen und Institutionen

Deutsche Stiftung Weltbevölkerung
Eine Nichtregierungsorganisation mit Sitz in Hannover, die Familienplanungs- und Aufklärungsprojekte in Afrika und Asien fördert. Die DSW engagiert sich für den Schutz vor HIV/Aids und dafür, ungewollte Schwangerschaften zu vermeiden. www.dsw-online.de

Greenpeace
Internationale Umweltorganisation, die immer wieder durch spektakuläre Aktionen von sich reden macht. Tritt unter anderem für ein konsequentes Umsteuern auf alternative Energien ein. www.greenpeace.de

Internationale Artenschutzunion (IUCN)
Ein Zusammenschluss aus Staatenvertretern, Nichtregierungsorganisationen und Wissenschaftlern. Naturschutzorganisation, die vor allem für die »Rote Liste« bekannt ist, die sie regelmäßig veröffentlicht und aus der hervorgeht, welche Arten vom Aussterben bedroht sind. www.iucn.org

Vereinte Nationen (UN)
Gegründet als Reaktion auf den Zweiten Weltkrieg mit inzwischen 191 Mitgliedstaaten. Keine Weltregierung, aber mit dem Anspruch, die größten Probleme der Welt gemeinsam und friedlich zu lösen. Unter ihrem Dach gibt es viele eigenständige Programme und Sonderorganisationen, die sich jeweils einer Sache widmen, wie das UN-Bevölkerungsprogramm (UNFPA) oder das UN-Entwicklungsprogramm (UNDP). www.un.org

UN-Umweltprogramm (UNEP)
Die Organisation, die ihren Sitz in Nairobi (Kenia) hat, wurde 1972 gegründet und ist zuständig für Umwelt- und Entwicklungsfragen. Gehört zur UN-»Familie« und macht unter anderem durch wissenschaftliche Studien und Hintergrundinformationen zu Umweltthemen auf sich aufmerksam. www.unep.org

UN-Klimasekretariat
1995 ins Leben gerufen, zuständig für die Klimarahmenkonvention (UNFCCC), d.h. das Sekretariat organisiert die regelmäßigen Treffen, bei denen über die Verminderung von Kohlendioxidwerten verhandelt wird. Hat seinen Sitz in Bonn. www.unfccc.int

Weltbank
Gehört zu den so genannten »Bretton-Woods«-Institutionen, die 1944 gegründet wurden, um Wiederaufbau und Entwicklung nach dem Zweiten Weltkrieg zu finanzieren. Die Weltbank hat hauptsächlich das Fortkommen von Entwicklungsländern im Blick. Sie finanziert dort Projekte, unterstützt und berät Regierungen, gilt aber auch als »Thinktank« für neue Entwicklungsstrategien. www.worldbank.org

Welternährungsorganisation (FAO)
UN-Organisation mit Sitz in Rom. Hat die Aufgabe, die Ernährungslage der Welt zu beobachten und zu verbessern. Veröffentlicht regelmäßig Daten darüber, wie viele Menschen hungern und was getan werden müsste, um sie mit Essen zu versorgen. www.fao.org

Weltgesundheitsorganisation (WHO)
Erarbeitet Standards zu Gesundheitsthemen, zum Beispiel dazu, wie lange Babys gestillt werden sollten oder welche Impfungen ratsam wären. Hat zugleich eine koordinierende Rolle im Kampf gegen Epidemien, etwa bei der Vogelgrippe oder SARS. www.who.int

World Wide Fund for Nature (WWF)
Internationale Naturschutzorganisation. Will der Umweltzerstörung Einhalt gebieten und eine Zukunft gestalten, in der Mensch und Natur harmonisch zusammenleben. www.wwf.de

Berichte/Artikel

Bevölkerung Deutschlands bis 2050. Statistisches Bundesamt. Wiesbaden 2006
Der Bevölkerungsschwund ist nicht mehr aufzuhalten. Im Jahr 2050 hat Deutschland doppelt so viele 60-Jährige wie Neugeborene, lauten die jüngsten Prognosen der Statistiker.

Die Weltbürste. In: Der Spiegel 26/2005
Artikel über den Herstellungsprozess einer Zahnbürste, der über die gesamte Welt verteilt ist.

Erneuerbare Energien – Innovationen für die Zukunft. Bundesministerium für Umwelt, Naturschutz und Reaktorsicherheit. Berlin 2006
Chancen und Grenzen der erneuerbaren Energien werden ideologiefrei gegeneinander abgewogen.

Globalisierung und Umwelt: Die globale Wirtschaft ökologisch gerecht gestalten. Bundesministerium für Umwelt, Naturschutz und Reaktorsicherheit. Berlin 2005
Gute Einführung in das Thema Globalisierung.

Kampf um Rohstoffe. Die knappen Schätze der Erde. Spiegel Special, Nr. 5/2006
Wer hat wo wie viele Rohstoffe und wer muss, wie Deutschland, die meisten importieren – ein ganzes Heft zu schwindenden Ressourcen und den Folgen.

Umwelttechnik. Die Ökobranche wird zu Deutschlands Paradeindustrie von morgen. In: Wirtschaftswoche, 22. Januar 2007
Der Artikel beschreibt, wie Umwelttechnik zum Exportschlager wird und Hunderttausende Jobs schafft.

Schuld ist eindeutig der Mensch. Der neueste Bericht des UN-Klimarats lässt keinen Zweifel. In: Frankfurter Rundschau, 2. Februar 2007
Hans-Joachim Schellnhuber, Berater der Bundesregierung über die Gefahren des Klimawandels.

Städte am falschen Ort. In: Frankfurter Allgemeine Sonntagszeitung. 12. Februar 2006
Immer mehr Naturkatastrophen überall. Künftigen Generationen könnte das 20. Jahrhundert wie die Ruhe vor dem Sturm vorkommen.

Volkszählung im Meer. In: Spiegel 7/2006
Der Mensch entleert die Meere regelrecht. Was bleibt für die Zukunft? Wissenschaftler und ihr Versuch, das Leben der Ozeane zu erfassen.

Zerstörte Schatzkammern des Lebens. In: World Wide Fund for Nature. Internationale Forstpolitik. September 2004
Beschreibt, wie das einst schier unerschöpfliche Vorratslager Wald allmählich geplündert wird.

Bücher

Club of Rome: Die Grenzen des Wachstums. München 1972
Der Klassiker. Stellt zum ersten Mal den Zusammenhang zwischen Wirtschaftswachstum und Umweltbelastung her. Gepriesen und angefeindet gleichermaßen.

Flannery, Tim: Wir Wettermacher. Frankfurt 2006
Ein australischer Wissenschaftler schreibt verständlich, nachvollziehbar und eindringlich über den Klimawandel.

GEO Yearbook 2006. An Overview of our Changing Environment. United Nations Environment Programme. Nairobi 2006
Erscheint regelmäßig. Enthält jeweils die wichtigsten Daten samt Einschätzung zum Status unserer Umwelt.

Gore, Al: Eine unbequeme Wahrheit. München 2006
Ein Weckruf zum Klimawandel des früheren US-Vizepräsidenten, der sich vor allem – aber nicht nur – an Amerikaner richtet.

Heinberg, Richard: The Party's Over. Das Ende der Ölvorräte und die Zukunft der industrialisierten Welt. München 2004
Schildert anschaulich den Aufstieg und Niedergang des Ölzeitalters.

Jäger, Jill: Was verträgt unsere Erde noch? Wege in die Nachhaltigkeit. Frankfurt 2007
Appell an Politik und Zivilgesellschaft, umzusteuern und schonender mit den natürlichen Ressourcen umzugehen.

Kürschner-Pelkmann: Das Wasserbuch. Kultur. Religion. Gesellschaft. Wirtschaft. Frankfurt am Main 2005
Informationen rund ums Wasser, verschafft einen guten Überblick.

Petermann, Jürgen: Sichere Energie im 21. Jahrhundert. Hamburg 2006
Ein dicker Wälzer, der beim Thema Energie nichts auslässt – von der Kohle bis zur Brennstoffzelle.

The World Commission on Environment and Development: Our Common Future. (Auf Deutsch: Unsere gemeinsame Zukunft – nicht mehr erhältlich). New York 1987
Gilt als politischer und »intellektueller« Impulsgeber für die Umweltbewegung und -konferenzen der neunziger Jahre, weil die Kommission unter anderem das Konzept der »Nachhaltigkeit« entwickelte.

Wieso? Weshalb? Warum? Unsere Erde. Ravensburg 2006
Kinderbuch. Wer die komplexen Zusammenhänge unseres Planeten mal richtig einfach erklärt haben möchte, greift am besten hierzu.